U0183814

人物短视频

 运镜一本通

运镜入门 ✚ 专题实战 ✚ 后期美颜

木白　编著

SHORT VIDEO

北京大学出版社
PEKING UNIVERSITY PRESS

内 容 提 要

本书内含 108 个技巧，分运镜入门、专题实战、后期美颜三条线进行讲解，帮助读者快速学会人像视频运镜拍摄技巧和后期美颜技巧。除主体内容，本书还配套赠送学习资料：70 多个教学视频 + 130 多个素材效果 +150 多页 PPT 教学课件。

运镜入门篇详细介绍纯手持运镜、稳定器运镜、日常运镜、组合式运镜、抖音热门运镜等内容，帮助读者掌握人像视频运镜技巧。专题实战篇详细介绍故事片运镜、情绪片运镜、人像街拍运镜、人像服装运镜、人像航拍运镜等专题实战内容，帮助读者掌握各类人像视频的拍摄方法，学会用手机、相机和无人机拍摄人像视频。后期美颜篇详细介绍初步后期、面部精修、身材塑形、网红色调等后期制作内容，帮助读者掌握人像视频画面与声音调整技巧，美颜、美型、美妆技巧，手动、智能美体技巧，以及人像视频的调色方法，让所制作的人像视频更好看。

本书适合以下读者阅读：一是热爱拍摄人像视频的用户，二是喜欢用视频记录个人生活的用户，三是运营颜值类短视频账号的工作人员，四是对人像视频运镜感兴趣的摄影师。此外，本书还可以作为相关专业的教材使用。

图书在版编目（CIP）数据

人物短视频运镜一本通：运镜入门 + 专题实战 + 后期美颜 / 木白编著 . — 北京：北京大学出版社，2024.3

ISBN 978-7-301-34564-1

Ⅰ . ①人… Ⅱ . ①木… Ⅲ . ①视频制作 Ⅳ . ① TN948.4

中国国家版本馆 CIP 数据核字（2023）第 202555 号

书　　　名	人物短视频运镜一本通：运镜入门 + 专题实战 + 后期美颜	
	RENWU DUANSHIPIN YUNJING YIBENTONG : YUNJING RUMEN + ZHUANTI SHIZHAN + HOUQI MEIYAN	
著作责任者	木　白　编著	
责 任 编 辑	滕柏文	
标 准 书 号	ISBN 978-7-301-34564-1	
出 版 发 行	北京大学出版社	
地　　　址	北京市海淀区成府路 205 号　100871	
网　　　址	http://www. pup. cn　　新浪微博：@北京大学出版社	
电 子 邮 箱	编辑部 pup7@pup. cn　　总编室 zpup@pup. cn	
电　　　话	邮购部 010-62752015　发行部 010-62750672　编辑部 010-62570390	
印 刷 者	北京宏伟双华印刷有限公司	
经 销 者	新华书店	
	787 毫米 ×1092 毫米　16 开本　10.75 印张　300 千字	
	2024 年 3 月第 1 版　2024 年 3 月第 1 次印刷	
印　　　数	1-4000 册	
定　　　价	89.00 元	

未经许可，不得以任何方式复制或抄袭本书之部分或全部内容。

版权所有，侵权必究

举报电话：010-62752024　　电子邮箱：fd@pup.cn

图书如有印装质量问题，请与出版部联系，电话：010-62756370

前　言

关于本书

　　短视频时代，各大短视频平台的用户只要稍加留心即可发现，人像短视频的流量和热度普遍比风景短视频、美食短视频的流量和热度大，这是因为人像短视频能给观众带来更多新鲜感。

　　在视频拍摄过程中，合理运用运镜技巧，能展现不一样的画面空间，拍出更精美的视频。为了帮助读者在竞争激烈的人像短视频领域"杀出重围"，本书全面介绍人像视频运镜技巧，以期为读者拍摄的人像视频锦上添花。

　　除了掌握运镜技巧，后期处理也非常重要，尤其是对于人像视频来说，拍摄者需要掌握一定的面部美颜技巧和身材塑形技巧，才能让视频中的模特更加漂亮，进而让模特和视频观众都满意。

　　视频拍摄不同于照片拍摄，人像照片展示的是人物静态的美，而人像视频展示的是人物动态的美。如何捕捉人物的美？本书在专题实战篇中进行了分类介绍，相信大家学完之后能够有所收获。

本书结构

　　为了让读者系统地学习并掌握人像视频运镜技巧与后期美颜技巧，本书分为三篇，共 14 章内容，108 个技巧，由易到难、从浅到深，辅助大家学会用手机、相机和无人机拍摄人像视频，并掌握视频后期处理方法。

　　下面为大家进行分篇介绍。

　　其一是运镜入门篇。运镜入门篇介绍了 40 个运镜拍摄技巧，帮助大家学会用手机和手机稳定器运镜拍摄人像视频。

　　（1）纯手持运镜：介绍 3 个手持手机拍摄的技巧和 7 个拍摄人像视频的要点。

　　（2）稳定器运镜：介绍 2 个使用手机稳定器的技巧和 5 个运镜拍摄的技巧。

　　（3）日常运镜：介绍 7 个基础运镜方法和 2 个进阶运镜方法。

　　（4）组合式运镜：介绍 3 种组合运镜方法和 4 种联结运镜方法。

　　（5）抖音热门运镜：介绍 4 种抖音热门运镜和 3 种专业级运镜搭配。

　　其二是专题实战篇。专题实战篇介绍了 42 个人像视频拍摄技巧，指导大家拍摄不同专题的人像视频。

　　（1）故事片运镜：介绍拍摄准备、确定类型和主题、设计脚本、准备服装和道具、掌握用光技巧等拍摄要点，辅以视频效果欣赏和分镜头拍摄实战。

　　（2）情绪片运镜：介绍构建场景、注意细节和特写、用道具渲染气氛、注意画面构图、巧用光影渲染气氛、调动模特的情绪、后期调出情绪色调等拍摄要点，辅以视频效果欣赏和分镜头拍摄实战。

　　（3）人像街拍运镜：介绍合理利用场景、道具和服装的重要性，低角度拍摄、广角拍摄等拍摄要点，以及 8 种人像街拍运镜技巧。

　　（4）人像服装运镜：介绍确定主题与检查服装、场景选择、模特要求、参数设置等拍摄要点，辅以拍摄实战和视频制作相关技巧。

（5）人像航拍运镜：介绍选择环境与服装、注意构图和模特的姿势等拍摄要点，以及 8 种人像航拍运镜技巧。

其三是后期美颜篇。后期美颜篇介绍了 26 个后期美颜技巧，指导大家进行人像视频的后期美颜处理。

（1）初步后期：介绍 4 个视频画面调整技巧和 3 个视频声音调整技巧。

（2）面部精修：介绍 2 个美颜处理技巧、3 个美型处理技巧和 2 个美妆处理技巧。

（3）身材塑形：介绍 3 个手动美体技巧和 3 个智能美体技巧。

（4）网红色调：介绍 2 个小清新色调、2 个怀旧色调和 2 个古风色调的调色技巧。

温馨提示

编写本书时，笔者基于软件最新版本截取实际操作图片（剪映 App 版本 10.7.0、DJI Mimo App 版本 V1.8.16），但书从编写到编辑出版需要一段时间，在这段时间里，软件界面与功能会有调整与变化，比如有的内容删除了、有的内容增加了，这是软件开发商做的更新，很正常。读者在阅读本书时，可以根据书中的思路，举一反三地进行学习，不必拘泥于细微的变化。

素材获取

读者可以用微信"扫一扫"功能扫描下方二维码，关注官方微信公众号，输入本书 77 页的资源下载码，根据提示获取随书附赠的素材效果、教学视频和 PPT 教学课件资源。

扫码关注
微信公众号

作者售后

本书由木白编著，邓陆英等人参与编写，向小红、杨菲、苏苏、刘芳芳、巧慧、刘伟、黄建波等人协助提供素材和帮助，在此表示感谢。

由于作者知识水平有限，书中难免有疏漏之处，恳请广大读者批评、指正。

木白

目　录

第14章　网红色调：小清新 + 怀旧 + 古风

运镜入门篇

第1章 纯手持运镜：
用小手机拍出大画面

用手机拍摄人像视频，最基础、最快捷的方式是手持手机进行运镜拍摄。对于大部分用户而言，纯手持运镜、拍视频的难点主要在于如何拍出稳定的画面、如何运镜效果更好。为了解决大家的难题，本章为大家介绍纯手持运镜的技巧，帮助大家用小手机拍出大画面。

1.1 手持手机拍摄的基本技巧

用手机拍摄视频看起来简单，但想拍出专业的视频并非那么容易。本节为大家介绍一些手持手机拍摄的技巧，帮助大家拍出高质量的视频。

1.1.1 讲究动静结合

视频不同于照片，视频是动态的、富有变化的，大多数人不知道，拍摄视频的技巧之一是把握好动静结合的度。

1. "你动我静"

"你动我静"的意思是画面中的拍摄对象是运动的，而镜头是静止的、固定的。这样拍摄的优点是画面稳定、构图精美，缺点是画面不够灵活。

用固定镜头拍摄的人像视频画面如图 1-1、图 1-2 所示。固定手机机位进行竖拍，人物逐渐远离镜头，会让画面具有动感。

图 1-1   图 1-2

2."你静我动"

"你静我动"的意思是手机镜头在动，拍摄对象不动，拍摄对象的位置也基本固定不变。这种视频一般需要运动镜头来拍摄，画面才可能具有动感。拍摄时，拍摄对象要摆好姿势，拍摄者要提前规划镜头的运动方式和行进路线。

例如，用旋转前推的运镜方法拍摄位置不变的人物，如图 1-3、图 1-4 所示。这样拍摄，更有视觉上的变化。

图 1-3   图 1-4

3."你动我也动"

"你动我也动"的意思是在拍摄对象运动的同时，手机镜头也运动。使用这种运镜方法需要手机足够稳定，这样才能拍出既有动感，又稳定的画面。

例如，在人物前行的时候，拍摄者在人物的侧面进行跟随拍摄，如图 1-5、图 1-6 所示。这样拍摄，会让视频更有代入感。

图 1-5   图 1-6

当然，还有"你静我也静"的拍摄方法，不过，使用这种拍摄方法拍摄出的视频和照片没什么区别，最好少用这种拍摄方法。

1.1.2 掌握最常用的 3 个手持运镜动作

手持手机拍摄视频是大多数人经常使用的拍摄方法，因为如今大部分人拥有能拍摄视频的智能手机，而且大多数手机有不错的防抖功能。下面为大家介绍一些手持运镜的技巧，帮助大家提升视频拍摄水平。

1．手持横向运镜

　　手持手机进行横向运镜的视频教学画面如图 1-7、图 1-8 所示。运镜时，需要双手横向握住手机。手机从右至左移动时，需要保持画面水平，并且移动的速度要慢。

图 1-7　　　　　　　　　　　　　　　　　图 1-8

2．手持上下运镜

　　手持手机进行上下运镜的视频教学画面如图 1-9、图 1-10 所示。运镜时，需要双手横向握住手机。手机从上至下移动时，需要用腰部的力量带动手臂移动。

图 1-9　　　　　　　　　　　　　　　　　图 1-10

3．手持推拉运镜

　　手持手机进行推拉运镜的视频教学画面如图 1-11、图 1-12 所示。小范围运镜时，需要双手横向握住手机。移动手机时，需要用腰部的力量带动手臂进行前推或者后拉移动，并且移动的速度要慢。

图 1-11　　　　　　　　　　　　　　　　　图 1-12

　　手持手机拍摄视频可进行小范围运镜，对于大范围运镜来说，最好添置防抖性能不错的稳定器进行辅助拍摄。关于手持手机稳定器运镜，在本书的第 2 章讲解，大家可以前往学习。

1.1.3 脚步、身体与手臂要配合好

为了手持手机拍摄稳定的画面，在实际拍摄过程中，大家一定要多练习提高脚步、身体和手臂的稳定性。下面补充介绍一些技巧，帮助大家避开误区，正确运镜。

①不要单手拿手机进行拍摄，因为画面容易抖动、不平衡，最好双手持机。

②肩部要放松，手肘下沉一点，靠腿部移动转移身体重心。

③双手握住手机的时候，手臂不要伸得过直，手肘需要有一定的弯曲，且手肘应尽量贴合身体，不要往外扩，这样更稳定。

④前行的时候，双腿不要绷得过直，微微弯曲会有一定的缓冲作用，如图 1-13 所示。

图 1-13

⑤前行的时候，不要脚尖先着地，脚后跟先着地能走得更稳。

⑥侧跟的时候，不要走螃蟹步，最好双腿交叉行走，走小碎步，这样画面更稳定。

⑦拍摄摇镜头时，手臂尽量保持不动，用腰部力量带动手臂移动。

⑧呼吸不要太急促，运镜过程中可以适当屏住呼吸，因为急促呼吸会影响身体平衡。

⑨慢速运镜拍摄出来的画面更稳定，质量好的人像视频大多有稳定的画面。

总之，运镜拍摄的时候，身体重心应尽量压低，多腰动、少手动。用身体做云台来控制运镜，辅以手机的慢动作模式，画面会更加稳定。

1.2 拍摄人像视频的7个基础要点

相较于静态的人像照片，动态的人像视频中的画面内容更多，能更立体地展现人物，给观众留下更深刻的印象。本节为大家介绍拍摄人像视频的 7 个要点，帮助大家少走弯路。

1.2.1 景别：让镜头有层次感

拍摄人像视频时，要有丰富的景别切换，组合使用远景、全景、中景、近景、特写等镜头，才能让视频更有层次感。下面为大家介绍以上镜头的作用。

1．远景

远景镜头指离人物比较远的镜头，重点拍摄场景、环境，在画面中，人物本身不是重点。远景镜头通常可以用来展现场面的宏大，如图 1-14、图 1-15 所示。

图 1-14

图 1-15

2．全景

全景镜头的拍摄距离比远景镜头近，能够对人物进行完整拍摄，人物服装、表情、手部和脚部的肢体动作等均能看清，如图 1-16、图 1-17 所示。

图 1-16

图 1-17

3．中景

　　使用中景镜头拍摄，画面底部刚好卡在人物膝盖上下，如图1-18、图1-19所示。在表现动作、对话和情绪交流的画面中，中景镜头比较常见。

图1-18

图1-19

4．近景

　　使用近景镜头拍摄，画面底部卡在人物胸部上下，如图1-20、图1-21所示。近景镜头多用于近距离展示人物的面部神态，以及一些小动作。

图1-20

图1-21

5．特写

　　特写镜头用于拍摄人物的重点局部，如图1-22、图1-23所示。在情绪表达中，特写镜头有着放大、强调和突出的作用。

图1-22

图1-23

1.2.2 角度：俯、仰拍摄让背景更简洁

在实际拍摄过程中，常用的拍摄角度有 3 种，分别是平视角度拍摄、俯视角度拍摄和仰视角度拍摄。

平视角度拍摄比较常见，优点是亲和力比较强，缺点是太过平庸，背景看起来不够简洁。使用俯、仰角度拍摄，视频画面中的背景看起来会更简洁一些。

1．俯视角度拍摄

俯视角度拍摄即手机镜头在高处，向下进行俯视拍摄。这种角度可以优化画面构图及主体大小。

比如，拍摄人物的时候，俯视角度可以让人物显得更加娇小，以地面为背景，画面也会更加简洁，如图 1-24、图 1-25 所示。

图 1-24 　　　　　　　　　　　　　　　　图 1-25

2．仰视角度拍摄

仰视角度拍摄，可以突出拍摄对象。仰拍人物的时候，画面中的人物会显得高大又修长，以天空为背景，画面也会显得非常简洁，如图 1-26、图 1-27 所示。

图 1-26 　　　　　　　　　　　　　　　　图 1-27

选择不同的俯、仰角度，拍摄出的视频画面会给观众不同的视觉感受，大家可以一边拍摄，一边调整拍摄角度，以满足视频需求。

1.2.3 曝光与对焦：调整明暗，锁定主体

好的照片，离不开准确的曝光，同理，好的人像视频也需要准确的曝光。在视频拍摄过程中，曝光手法没有高低优劣之分，只要曝光准确，就能得到理想的视频画面。

曝光过低的视频画面如图 1-28 所示，可以看到，除了天空，其他部分都非常暗，画面效果很不理想。

向下拖曳 ▓ 按钮，可以降低曝光；反向拖曳，可以增加曝光。

图 1-28

曝光过高的视频画面如图 1-29 所示，由于过曝，画面中缺少暗部细节。

图 1-29

　　拍摄时，如果没有特殊的要求，大家可以点击拍摄界面左侧的 ▓ 按钮，开启自动模式。夜晚拍摄时，可以手动增加画面曝光；在强光环境中拍摄时，可以手动降低画面曝光。

　　拍摄人物的时候，可以锁定人物，进行跟随对焦，这样拍摄的视频始终以人物为中心。

　　用手指在屏幕中框选人物，看到人物处于绿框中时，即可锁定对焦。锁定对焦后，无论手机怎么移动，人物始终在画面中心，如图 1-30、图 1-31 所示。

图 1-30

图 1-31

由于不同型号的手机各有特点，拍摄界面和视频调整参数会有所差别，大家可以根据实际需求进行调整，不必追求与示例完全一致。

1.2.4 速度：合理拍摄不同类型的画面

根据播放速度的快慢，可以将视频分为常规速度视频、延时视频和慢动作视频。合理使用不同的视频播放速度，可以让视频内容更丰富、更有层次感。

下面以用苹果手机（iPhone 13 Pro Max）播放视频为例，为大家介绍 3 种播放速度不同的视频形式。

1．常规速度视频

常规速度视频是最常见的视频形式，也是后期处理空间最大的视频形式。因为这种形式的视频几乎存在于所有智能手机中，所以大家最为熟悉。

打开手机相机，❶切换至"视频"界面；❷点击"0.5x"按钮，开启广角模式；❸点击拍摄按钮，如图 1-32 所示，即可拍摄常规速度视频。

图 1-32

在图 1-32 中，点击"视频"界面左侧的"高清·60"按钮，可以分别选择视频的分辨率和帧率；点击"视频"界面左侧的 0.0 按钮，可以调整视频的曝光度；点击"视频"界面左侧的 按钮，可以开启／关闭闪光灯；点击"视频"界面右侧的 按钮，可以切换前／后摄像头；点击"视频"界面右侧的 0.5× 1 3 数字按钮，可以切换焦段，滑动该区域，可以选择任意焦段。

2．延时视频

延时视频是能将时间大量压缩的视频，即能将在几十分钟内拍摄的画面压缩为时长仅几分钟的视频，在视觉上给观众一种震撼感。在拍摄云朵的变化、忙碌的身影等内容时，可以选用延时摄影的方式。

打开手机相机，❶切换至"延时摄影"界面；❷点击拍摄按钮 ，如图 1-33 所示，手机将定时拍摄照片，并将一定数量的照片合成为几秒或者十几秒的视频。

图 1-33

3．慢动作视频

慢动作视频是将常规速度视频的播放速度减慢，以便观众详细地看清人物动作和画面细节的视频。在拍摄比较唯美的人像视频时，慢动作拍摄是首选。

打开手机相机，❶切换至"慢动作"界面；❷点击拍摄按钮 ，如图 1-34 所示，手机将拍摄慢动作视频。

图 1-34

1.2.5 前景：用前景烘托主体

前景，是位于拍摄对象与手机镜头之间的事物。拍摄人像视频时，利用恰当的前景元素进行构图、置景，可以让视频画面具有强烈的纵深感和层次感，同时极大地丰富画面内容，使画面更加鲜活、饱满。

拍摄人像视频时，要善于寻找合适的前景，如果没有自然的前景，可以创造一些前景，比如拿一些物品放在镜头前，拍摄时进行虚化处理。

以绣球花为前景拍摄的视频画面如图 1-35、图 1-36 所示，将人物安排在中景位置，用前景引导视线，可以使观众的视线聚焦到人物处，达到用前景烘托人物的目的。

图 1-35　　　　　　　　　　　　　　　图 1-36

在自然环境中，花草树木是最好的前景，希望大家善于发现生活中的美。

1.2.6 用光：侧光、逆光让画面有变化

光线对视频画面的影响是比较大的，尤其是在户外拍摄视频时，由于每个时间点的太阳的位置和高度都不一样，光线必然会有相应的变化。

拍摄人像视频时需要注意用光，这就要求我们在拍摄时精心选择时间点、拍摄角度。

通常情况下，上午 8 点到 10 点、下午 4 点到日落时分是光线不错的时间段，可以多进行侧光拍摄，或者逆光拍摄。

侧光拍摄的视频画面如图 1-37、图 1-38 所示。可以看到，画面整体光线比较柔和，相较于顺光拍摄容易将人物拍成"大白脸"，侧光拍摄能够让人物的面部更加立体。

图 1-37　　　　　　　　　　　　　　　图 1-38

逆光拍摄的最佳效果是拍出剪影。黄昏时分，在晚霞的映衬下，十分适合进行逆光拍摄。剪影视频画面如图 1-39、图 1-40 所示，非常有艺术气息。

图 1-39   图 1-40

拍摄剪影视频需要有一定的技巧，下面为大家介绍。

①选定拍摄对象。对于人像视频来说，人是最好的拍摄主体对象。因为剪影是黑色的，不能用颜色、纹理等细节来吸引观众，所以需要人物在拍摄时摆出不同的姿势，以便拍出不同形状的剪影。

②关闭闪光灯。如果视频拍摄模式处于自动模式，光线过暗的时候，手机相机会自动开启闪光灯进行补光。为了拍出理想的剪影画面，拍摄者需要注意及时手动关闭闪光灯。

③选定拍摄位置和角度。由于剪影是在逆光环境中拍摄出的效果，所以需要拍摄者面对强光，拍摄对象背对强光（拍摄对象处于手机镜头与强光之间）。调整拍摄角度时，要以拍摄对象为参考，才能进行正确构图。

④构图与轮廓。构图时，最好选择以天空或者夕阳为背景，将光源藏在拍摄对象的后面。此外，还需要观察拍摄对象的轮廓是否清晰、整洁，拍摄对象的轮廓不能被其他前景或者物体干扰，不然会出现剪影模糊、拍摄对象不突出等问题。

1.2.7 反射：镜面构图更精美

镜面构图（反射构图）是比较有美感的视频构图方式之一。视频拍摄过程中，大家可以利用玻璃、水面、镜子等反射面进行辅助创作，让画面更精美。

以水面为反射面进行镜面构图拍摄的视频画面如图 1-41、图 1-42 所示，可以看到，天空倒映在水面，人物也倒映在水面，虚实结合的效果让画面极具创意。

图 1-41 图 1-42

除了水面这种自然反射面, 玻璃、镜子等也可被用于进行镜面构图, 让画面富有新意。

以镜子为反射面进行镜面构图拍摄的视频画面如图 1-43、图 1-44 所示, 这样构图的好处是利用镜子隐藏了杂乱的地面环境, 突出了简洁的天空和美丽的荷塘, 营造了恬淡、闲适的气氛, 让画面更有诗意。

图 1-43 图 1-44

进行镜面构图时, 选择反射面是重点。生活中, 大家要时刻保持对环境的敏感, 善于发现, 并且不断提高拍摄能力, 掌握更多拍摄技巧。

第 2 章　稳定器运镜：
拍出稳定的人像视频

第 1 章介绍了纯手持运镜的技巧，本章为大家介绍使用手机稳定器进行运镜拍摄的要点，帮助大家在多位移、长距离的实战拍摄中拍出理想的画面。具体而言，本章涉及手机稳定器的特点介绍、使用方法介绍，以及运镜拍摄的 5 个实用技巧介绍。

2.1 如何使用手机稳定器

拍摄视频时使用稳定器做支撑，可以起到一定的防抖作用，让拍摄出来的画面更加稳定。本节带大家熟悉手机稳定器和云台模式，并帮助大家掌握运镜姿势和运镜步伐。

2.1.1 熟悉手机稳定器和云台模式

本书编写时用作实例的手机稳定器是大疆 OM 4 SE，如图 2-1 所示。在手机软件商店中下载 DJI Mimo App 后，将手机稳定器与手机组装在一起并连接手机蓝牙即可使用。

图 2-1

在 DJI Mimo App 的"云台"面板中，有 4 种云台模式，分别是云台跟随、俯仰锁定、FPV（First Person View，第一人称主视角）和旋转拍摄，如图 2-2 所示。

图 2-2

其他品牌的手机稳定器的可选模式与之类似，因为常用的模式就这几种。手持手机稳定器进行拍摄时，云台跟随模式的实际操作情景如图 2-3 所示，手机可以上、下、左、右移动；俯仰锁定模式的实际操作情景如图 2-4 所示，手机可以左、右移动，无法上、下移动；FPV 模式的实际操作情景如图 2-5 所示，手机可以上、下、左、右倾斜；旋转拍摄模式的实际操作情景如图 2-6 所示，拍摄者可以长按摇杆方向键进行旋转拍摄。

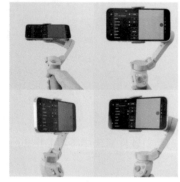

图 2-3   图 2-4   图 2-5   图 2-6

4 种模式的特点分别详细介绍如下。

①云台跟随模式：这个模式提供了 3 个方向的增稳效果，手柄移动时，云台会跟随手柄的移动方向运动，以便保证拍摄画面的平滑和流畅。使用云台跟随模式的手机可以上、下、左、右 4 个方向移动。

②俯仰锁定模式：由于锁定了俯拍或者仰拍，所以手机只能左、右移动拍摄，不能上、下移动拍摄。

③ FPV 模式：FPV 模式又称第一人称主视角模式，与云台跟随模式的不同在于云台在三轴方向上只提供轻微的增稳效果，常用于拍摄倾斜镜头和甩镜头。

④旋转拍摄模式：用于通过控制摇杆方向键进行旋转拍摄。例如，拍摄"盗梦空间"镜头时，就需要使用旋转拍摄模式。

在实际拍摄过程中，用得最多的模式是云台跟随模式，因为使用这个模式拍摄的画面比较稳定、流畅，在大多数运镜场景中不会出错。

2.1.2 运镜姿势和运镜步伐

熟悉了手机稳定器和云台模式之后，可以开始学习运镜姿势和运镜步伐了。辅以合理的运镜姿势和运镜步伐，才能更好地使用手机稳定器。

1. 运镜姿势

手持稳定器时的运镜姿势视频教学画面如图 2-7 所示。本次拍摄需要的设备是 1 台手机和 1 台手机稳定器，在拍摄之前，需要把手机安装在手机稳定器上面。

图 2-7

使用手机稳定器进行拍摄之前，需要下载并安装支持手机稳定器运镜拍摄的 App，同时打开手机蓝牙。例如，使用大疆 OM 4 SE 手机稳定器，需要提前在手机应用商店中下载并安装 DJI Mimo App。

完成以上准备工作后，长按开机键即可开机，连续按开机键两次可以切换前置/后置镜头，如图 2-8、图 2-9 所示。

图 2-8

图 2-9

手持稳定器运镜不同于手持手机运镜，因为稳定器和手机相加是有一定重量的，所以拍摄者在前行或者后退时，需要更加关注运镜姿势。运镜姿势的 4 个关键要点分别如图 2-10 至图 2-13 所示。

图 2-10

图 2-11

图 2-12　　　　　　　　　　　　　　图 2-13

对运镜姿势的 4 个关键要点分别详细介绍如下。

①双手握住稳定器手柄。一般情况下，需要双手握住稳定器手柄，这样才能保持足够的平衡。想单手操作，需要稳定器足够轻，或者自身的臂力足够强。

②双臂贴合身体两侧。这样做的好处是拍摄者移动的时候，身体能带动手臂移动，画面比较稳。如果拍摄者移动时手臂乱动，会影响画面的稳定性。当然，拍摄部分镜头时不需要双臂贴合着身体，因为手臂有时需要离开身体进行运镜。

③在前进时，脚后跟先着地。脚后跟先着地是正确的走路姿势，这样人体的重心才平衡，所拍摄的画面才会更加稳定。

④后退时，脚掌先着地。与正确的走路姿势一样，后退拍摄时，需要脚掌先着地，以保持身体平衡。

　　把手机安装在手机稳定器上面的时候，要保持屏幕处于水平状态，不要倾斜，避免拍出的画面是歪的，降低后期处理压力。

2．运镜步伐

跟随运动拍摄的运镜步伐视频教学画面如图 2-14 所示。本次教学视频表现的主要是手持稳定器进行拍摄，拍摄者需要跟随拍摄运动中的人物。对于运镜新手来说，此类操作有一定的难度，需要多加练习，才能拍出稳定的画面。

图 2-14

本次拍摄需要模特 1 名，拍摄者主要拍摄背面跟随镜头，保证跟随拍摄人物的上半身（背面），教学视频画面如图 2-15 至图 2-18 所示。

图 2-15

图 2-16

图 2-17

图 2-18

跟随拍摄时，拍摄者需要与模特保持一定的距离。本次拍摄景别主要是中近景，拍摄者与模特之间的距离适中即可。如果需要拍摄人物全景，拍摄者应该离模特再远一些。

在跟随的过程中，拍摄者需要放低重心，脚后跟先着地，跟随模特的步伐前进，在前进的过程中保持画面稳定。

拍摄完成后，可以为视频进行调色、添加背景音乐等后期操作，让视频更加精美。成品视频效果如图 2-19、图 2-20 所示。

图 2-19

图 2-20

2.2 运镜拍摄的 5 个小技巧

掌握手持稳定器拍摄的基本方法之后，还需要注意几个细节，只有将细节处理好，才能够确保视频的质量。本节将介绍 5 个运镜拍摄的小技巧，或者说是注意事项，来帮助大家更好地学习运镜。

2.2.1 调平稳定器

拍摄者将手机固定在稳定器上之后，需要调整稳定器，确保镜头拍摄出来的画面是水平的。稳定器会受到一定的外力作用，有时候会倾斜，拍摄前，拍摄者一定要反复调整稳定器，以保证视频画面始终为水平状态。

如果将手机安装在磁吸手机夹上之后稳定器是倾斜的、不平衡的，那么当稳定器手柄垂直于地面时，拍摄出来的视频画面会是倾斜的，如图 2-21、图 2-22 所示。

图 2-21

图 2-22

拍摄者可以适当调整磁吸手机夹，平衡手机与稳定器，让画面水平，如图 2-23、图 2-24 所示。

图 2-23

图 2-24

拍摄者可以尝试借助网格线进行画面调整，让画面保持水平。下面介绍具体的操作方法。

步骤 1 在视频拍摄界面中，点击左下角的 **∙∙∙** 按钮，如图 2-25 所示。

图 2-25

步骤 2 在"视频"面板的"网格"选项卡中，选择"网格线"选项，如图 2-26 所示，打开网格线，辅助构图。

图 2-26

如果以上方法无效，则需要校准云台。下面介绍具体的操作方法。

步骤 1 在"云台"面板中，点击"云台自动校准"右侧的"校准"按钮，如图 2-27 所示。

图 2-27

步骤 2 云台会进行自动校准，并显示进度，如图 2-28 所示。注意，校准时勿移动云台。

图 2-28

步骤 3 成功校准后，弹出相应的提示，点击"确认"按钮，如图 2-29 所示。

图 2-29

2.2.2 脚快、身慢、手不动

进行大范围运镜的时候，尤其是拍摄环绕镜头的时候，拍摄者需要提前规划运镜步伐，并预设运动轨迹，这样可以帮助自己更顺利地拍摄。

大部分镜头的移动轨迹是直线，拍摄者比较容易控制步伐。拍摄环绕镜头时，镜头的移动轨迹是弧线，相较于直线，拍摄者控制步伐的难度会变大。

在大范围运镜前，拍摄者可以对步伐大小进行规划，以保证运镜时匀速移动。移动过程中，最重要的是做到"脚快、身慢、手不动"，这样才能更好地保证视频的稳定度和流畅度。

那么，什么是"脚快、身慢、手不动"？

"脚快"，指在运镜过程中，拍摄者的脚步可以移动得相对快一点，提前迈步，为镜头的移动变化做准备。

"身慢"，指在运镜过程中，拍摄者的身体要移动得慢一点，可以在脚迈出去、移动轨迹确定，并且站稳之后，再缓慢地继续迈步和移动身体。

"手不动"，指在运镜过程中，要让握着稳定器的手及同侧手腕保持不动，让身体带动手臂进行整体移动。如果手腕抖动，视频画面的稳定性会受影响。

另外，尽量放慢拍摄速度并保持匀速运镜，这是初学者学习运镜时要掌握的另一个核心要领。做到这一点，拍出来的视频会更加稳定，后期处理的空间会更大。

需要注意的是，放慢速度不等于停顿，慢的同时一定要动，这样视频才能流畅。即使是短暂的停顿，在视频中出现也会很明显。拍摄者需要多加练习，尽量拍摄出稳定的、高质量的视频画面，这样后期剪辑时会更加顺利。

2.2.3 找一个中心点

不管是拍照还是拍视频，画面中都有中心点。拍摄运镜视频时，可以找一个参照物作为画面中心点，在拍摄过程中保证画面的中心点不变，既能让视频画面更稳定，又能提升视频画面的美观度。

始终以人物为画面中心点的视频画面如图 2-30、图 2-31 所示。

图 2-30

图 2-31

当然，不是所有视频的画面中心点都始终如一，遇到需要改变画面中心点的情况时，拍摄者可以事先确定两个或者多个画面中心点，且在运镜过程中保持匀速移动，这样就能在改变画面中心点的同时保持稳定运镜。

画面中心点发生变化的视频画面如图 2-32 至图 2-34 所示，在上升运镜的过程中，画面中心点自然而然地发生了变化。

图 2-32

图 2-33

图 2-34

2.2.4 适当进行仰拍

仰拍，即在镜头处于仰视角度时进行拍摄。拍摄人物时，适当地调整镜头角度，使镜头微微仰起，能够让人物看起来更加高大、苗条，让画面更具美感。

使用平拍角度拍摄的视频画面如图 2-35、图 2-36 所示，适当仰拍的视频画面如图 2-37、图 2-38 所示。通过对比可以发现，在仰拍视角下，人物会显得更高、更瘦。

图 2-35

图 2-36

图 2-37

图 2-38

2.2.5 控制距离

控制距离，意思是控制镜头与拍摄对象之间的距离。如果距离太近，可能会放大人物脸部或者其他部位存在的瑕疵，也可能因为无法对人物进行全面展示，导致画面信息不完整。

一般而言，使用中景、中近景和全景来拍摄人物是比较好看的，这样取景能够在突出人物的同时，交代一定的环境信息。此外，保持适当的距离，可以给人物足够的运动空间，拍摄过程中，镜头也能有足够的空间进行一定的调整。

拍摄时镜头与人物距离过近的视频画面如图 2-39、图 2-40 所示，因为距离过近，图 2-39 中，人物的头部没有被拍摄到，图 2-40 中，人物的头发显得很凌乱、衣服的褶子也显得比较多，将这些瑕疵放大后，视频画面的美观度随之降低。

图 2-39

图 2-40

中景拍摄的视频画面如图 2-41、图 2-42 所示，正确取景让画面整体更加美观，观赏性更强。

图 2-41

图 2-42

第 3 章　日常运镜：
掌握基础的人像拍法

　　拍摄人像视频前，有一些基础的、进阶的运镜方法需要掌握。合理使用这些运镜方法，不仅有助于强调环境、刻画人物、营造气氛，还有助于提升视频质量。本章为大家介绍一些日常运镜技巧，帮助拍摄者掌握基础的人像拍法，打好运镜拍摄的基础。

3.1 基础运镜

使用不同的运镜方法，可以表达不同的主题和情绪。本节为大家介绍前推、后拉、横移、跟随等基础运镜方法，帮助大家打好运镜拍摄的基础。

3.1.1 前推运镜

效果展示 前推运镜，即人物的位置不变，镜头从全景或类似全景的景别开始，由远及近地推进，逐步放大人物，突出人物的情绪，实拍效果如图 3-1、图 3-2 所示。

图 3-1   图 3-2

运镜拆解 下面对运镜拍摄过程做详细的介绍。

步骤 1 拍摄者在远离人物的位置拍摄人物的背影，如图 3-3 所示。

步骤 2 拍摄者向人物的位置推进，并让人物处于画面中心，如图 3-4 所示。

步骤 3 拍摄者继续靠近人物，人物开始转身，如图 3-5 所示。

步骤 4 拍摄者继续靠近人物，拍摄人物的正面上半身，放大人物，传递人物情绪，如图 3-6 所示。

图 3-3   图 3-4   图 3-5   图 3-6

3.1.2 后拉运镜

效果展示 后拉运镜，即人物的位置不变，镜头逐渐远离人物。在远离的过程中，人物渐渐变小，人物的全貌和人物周围的环境得以展示，实拍效果如图 3-7、图 3-8 所示。

图 3-7   图 3-8

运镜拆解 下面对运镜拍摄过程做详细的介绍。

步骤 1 拍摄者靠近拍摄对象的油纸伞，如图 3-9 所示。

步骤 2 在人物转身的时候，拍摄者慢慢远离人物，如图 3-10 所示。

步骤 3 拍摄者继续远离人物，人物继续转身，如图 3-11 所示。

步骤 4 人物转身举伞的时候，拍摄者后退到和人物有一定距离的位置，拍摄人和景，如图 3-12 所示。

图 3-9   图 3-10   图 3-11   图 3-12

3.1.3 横移运镜

效果展示 横移运镜，即镜头沿着水平方向进行移动拍摄，横向展现空间里的人物，让画面具有动感和节奏感，实拍效果如图 3-13、图 3-14 所示。

图 3-13   图 3-14

运镜拆解 下面对运镜拍摄过程做详细的介绍。

步骤 1 拍摄者拍摄人物旁边的建筑墙壁，如图 3-15 所示。

步骤 2 拍摄者从右向左移动镜头，如图 3-16 所示。

步骤 3 拍摄者继续移动镜头，人物所占的画面面积变大，如图 3-17 所示。

步骤 4 拍摄者继续移动镜头，直到人物位于画面中心，焦点落在人物身上，如图 3-18 所示。

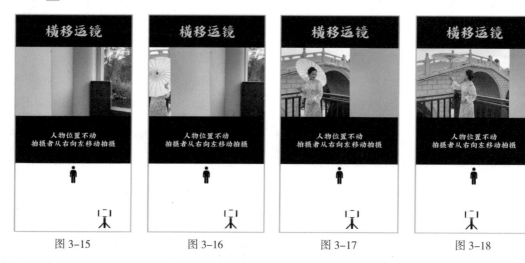

图 3-15   图 3-16   图 3-17   图 3-18

横移运镜的关键在于找到合适的前景并保持匀速水平移动镜头，这样画面更具流动感。

3.1.4 下摇运镜

效果展示 下摇运镜，即利用云台的灵活变化，镜头从上向下进行移动拍摄，通过引导观众的视线，合理地展现人物，实拍效果如图 3-19、图 3-20 所示。

图 3-19   图 3-20

运镜拆解 下面对运镜拍摄过程做详细的介绍。

步骤 1 拍摄者在人物的背后仰拍天空，如图 3-21 所示。

步骤 2 人物进场，往前走，镜头下摇，镜头拍摄到人物的上半身，如图 3-22 所示。

步骤 3 镜头下摇至一定的角度后，微微后拉，如图 3-23 所示。

步骤 4 镜头继续下摇并后拉，让人物处于画面中心，如图 3-24 所示。

图 3-21

图 3-22

图 3-23

图 3-24

温馨提示 除了下摇运镜，拍摄者还可以上摇运镜、左摇运镜、右摇运镜，方法是一样的，只是摇镜的方向不同。

3.1.5 跟随运镜

效果展示 跟随运镜包含前跟、后跟和侧跟，本案例是侧面跟随。在人物的侧面进行跟随拍摄，可以更好地展示人物的身材，实拍效果如图 3-25、图 3-26 所示。

图 3-25

图 3-26

运镜拆解 下面对运镜拍摄过程做详细的介绍。

步骤 1 拍摄者在人物的侧面拍摄人物全身，如图 3-27 所示。

步骤 2 人物往前走，拍摄者跟随人物移动镜头，如图 3-28 所示。

步骤 3 在跟随运镜的过程中，保持人物处于画面中心，如图 3-29 所示。

步骤 4 拍摄者可以跟随人物拍摄一段距离，如图 3-30 所示。

| 图 3-27 | 图 3-28 | 图 3-29 | 图 3-30 |

3.1.6 上升运镜

效果展示 上升运镜，即镜头从下向上进行移动拍摄，在移动拍摄的过程中展现人物的高度和气势，使画面具有纵深感，实拍效果如图 3-31、图 3-32 所示。

图 3-31　　　　　　　　　　　　　　　　图 3-32

运镜拆解 下面对运镜拍摄过程做详细的介绍。

步骤 1 拍摄者固定位置，放低镜头，调整镜头角度，拍摄地面，如图 3-33 所示。

步骤 2 拍摄者抬起手机，调整镜头角度，人物进入画面，如图 3-34 所示。

步骤 3 镜头继续上升，拍摄人物进场的全貌，如图 3-35 所示。

步骤 4 镜头继续上升，拍摄更多的天空和人物的上半身，使画面看起来更广阔，如图 3-36 所示。

| 图 3-33 | 图 3-34 | 图 3-35 | 图 3-36 |

3.1.7 下降运镜

效果展示 下降运镜，即镜头从高处慢慢下降，在下降的过程中拍摄人物，让画面更有层次感，实拍效果如图 3-37、图 3-38 所示。

图 3-37   图 3-38

运镜拆解 下面对运镜拍摄过程做详细的介绍。

步骤 1 拍摄者固定位置，抬起手臂，拍摄人物上方的风景，如图 3-39 所示。

步骤 2 拍摄者慢慢降低镜头的高度，拍摄到人物，如图 3-40 所示。

步骤 3 镜头继续下降，拍摄人物的背影，如图 3-41 所示。

步骤 4 镜头下降到拍摄人物完整的上半身，记录人物动作，如图 3-42 所示。

图 3-39   图 3-40   图 3-41   图 3-42

3.2 进阶运镜

掌握了 7 个基础运镜方法之后，本节介绍 2 个进阶运镜方法，帮助拍摄者提升运镜水平，以便拍摄者在人像视频的拍摄过程中有更多的运镜方法可使用。

3.2.1 旋转运镜

效果展示 旋转运镜，即倾斜手机，进行旋转拍摄。旋转运镜的好处是能打破常规，让画面更有新鲜感，实拍效果如图 3-43、图 3-44 所示。

图 3-43   图 3-44

运镜拆解 下面对运镜拍摄过程做详细的介绍。

步骤 1 拍摄者固定位置，把手机倾斜至一定的角度，拍摄人物，如图 3-45 所示。

步骤 2 在人物转身的时候，镜头慢慢旋转，如图 3-46 所示。

步骤 3 镜头旋转回正到一定的角度，拍摄动态人物，如图 3-47 所示。

图 3-45   图 3-46   图 3-47

3.2.2 环绕运镜

效果展示 环绕运镜也被称为"刷锅"，即以人物为中心环绕点，镜头环绕人物进行拍摄。进行环绕运镜可以很好地展示人物与环境的关系，实拍效果如图 3-48、图 3-49 所示。

图 3-48   图 3-49

运镜拆解 下面对运镜拍摄过程做详细的介绍。

步骤 **1** 人物固定位置，拍摄者在人物的斜侧面，仰拍人物上半身，如图 3-50 所示。

步骤 **2** 拍摄者及镜头以人物为中心，环绕移动到人物的另一侧面，如图 3-51 所示。

步骤 **3** 镜头继续环绕移动，拍摄人物的反侧面，如图 3-52 所示。

步骤 **4** 镜头继续环绕移动，拍摄人物的另一反侧面，全方位地展示人物与环境，如图 3-53 所示。

图 3-50   图 3-51   图 3-52   图 3-53

第 4 章 组合式运镜：
多种镜头组合更高级

组合式运镜是将多种基础运镜组合在一起，用组合镜头拍摄人物，使画面更具高级感。本章为大家介绍一些组合运镜方法和联结运镜方法，帮助拍摄者轻松拍出大片感，为人像视频作品增加更多亮点，吸引观众眼球，从而使视频获取更多关注和流量。

4.1 组合运镜

基础运镜组合在一起会有不一样的运镜效果，让视频中的人物更有范。本节为大家介绍 3 种组合运镜，希望大家可以举一反三，学会更多的运镜方法。

4.1.1 半环绕跟摇运镜

效果展示 半环绕跟摇运镜，即镜头在半环绕拍摄的同时跟摇拍摄人物的运镜。使用这种运镜方法，能够让画面极具第一人称感，让观众有身临其境的感觉，实拍效果如图 4-1、图 4-2 所示。

图 4-1   图 4-2

运镜拆解 下面对运镜拍摄过程做详细的介绍。

步骤 1 拍摄者在远离人物的位置拍摄人物的侧面，如图 4-3 所示。

步骤 2 人物绕圈行走，拍摄者固定位置，摇镜头拍摄，如图 4-4 所示。

步骤 3 人物继续前行，镜头继续跟摇拍摄，如图 4-5 所示。

步骤 4 在人物绕了半个圈左右的时候，镜头也应半环绕地跟摇拍摄了人物半圈，如图 4-6 所示。这种镜头很适合用在欢快的情境中。

图 4-3   图 4-4   图 4-5   图 4-6

4.1.2 横移下降运镜

效果展示 横移下降运镜，即镜头在横移的过程中下降高度的运镜。使用这种运镜方法，可以让画面更具层次感。横移下降运镜的前提是找到合适的前景，本次拍摄的前景对象为三角梅，可以很好地衬托人物的美，实拍效果如图 4-7、图 4-8 所示。

图 4-7

图 4-8

运镜拆解 下面对运镜拍摄过程做详细的介绍。

步骤 1 拍摄者靠近拍摄三角梅，如图 4-9 所示。

步骤 2 在人物下阶梯的时候，镜头向左横移，并微微下降，如图 4-10 所示。

步骤 3 人物继续前行，镜头继续横移下降，如图 4-11 所示。

步骤 4 在人物走远的时候，镜头也横移并下降到合适的位置和高度，如图 4-12 所示。

图 4-9

图 4-10

图 4-11

图 4-12

4.1.3 上摇后拉运镜

效果展示 上摇后拉运镜适合用在地面和远处风景都不错的环境中。使用上摇运镜，可以展现变化的环境；使用后拉运镜，可以展示人物和人物周围的环境，实拍效果如图 4-13、图 4-14 所示。

图 4-13   图 4-14

运镜拆解 下面对运镜拍摄过程做详细的介绍。

步骤 1 拍摄者在人物的右侧俯拍湖面的倒影，如图 4-15 所示。

步骤 2 人物坐在岸边，拍摄者控制镜头上摇并微微后拉，如图 4-16 所示。

步骤 3 拍摄者继续上摇并后拉镜头，展示人物的背影，如图 4-17 所示。

步骤 4 拍摄者继续上摇并后拉镜头，直至人物处于画面中心，如图 4-18 所示。

图 4-15   图 4-16   图 4-17   图 4-18

4.2 联结运镜

联结运镜指将基础运镜联结在一起，在上一个镜头结束时出现下一个镜头，使视频画面有连续感，展现更多的内容。本节为大家介绍 4 种联结运镜的使用方法。

4.2.1 环绕 + 前推运镜

效果展示 环绕 + 前推运镜，即镜头在环绕拍摄之后进行前推拍摄的运镜。运镜方法转变的时候，拍摄内容随之改变，实拍效果如图 4-19、图 4-20 所示。

图 4-19

图 4-20

运镜拆解 下面对运镜拍摄过程做详细的介绍。

步骤 1 人物固定位置看风景，拍摄者在人物的反侧面拍摄人物，如图 4-21 所示。

步骤 2 拍摄者以人物为中心，环绕到人物背后，如图 4-22 所示。

步骤 3 镜头继续环绕，拍摄人物的另一反侧面，如图 4-23 所示。

步骤 4 镜头前推，顺着人物的视线，拍摄人物前方的风景，如图 4-24 所示。

图 4-21

图 4-22

图 4-23

图 4-24

4.2.2 降镜头＋环绕运镜

效果展示 降镜头＋环绕运镜，即镜头在下降之后，环绕人物进行拍摄的运镜，画面在纵向和横向空间上都有变化，可以重点凸显人物，实拍效果如图 4-25、图 4-26 所示。

图 4-25

图 4-26

运镜拆解 下面对运镜拍摄过程做详细的介绍。

步骤 1 拍摄者举高手机，拍摄人物头部上方的风景，如图 4-27 所示。

步骤 2 人物固定位置不动，镜头从高处下降，如图 4-28 所示。

步骤 3 镜头下降至人物腰部位置后，环绕人物进行拍摄，从人物的右侧环绕至其背后，如图 4-29 所示。

步骤 4 镜头继续环绕拍摄，直至人物的左侧，展示人物及其周围的环境，如图 4-30 所示。

| 图 4-27 | 图 4-28 | 图 4-29 | 图 4-30 |

4.2.3 推镜头 + 跟随运镜

效果展示 推镜头 + 跟随运镜，即镜头在前推之后，跟随人物进行拍摄的运镜，多角度、全方位地展示人物及其周围的环境，实拍效果如图 4-31、图 4-32 所示。

图 4-31　　　　　　　　　　　　　图 4-32

运镜拆解 下面对运镜拍摄过程做详细的介绍。

步骤 1 在人物前行的时候，拍摄者在远处拍摄人物的侧面，如图 4-33 所示。

步骤 2 拍摄者向人物所在的位置推镜头，如图 4-34 所示。

步骤 3 拍摄者与人物相遇后，开始摇镜头跟随人物进行拍摄，如图 4-35 所示。

步骤 4 拍摄者摇镜头拍摄人物的背影，并跟随人物进行拍摄，如图 4-36 所示。

| 图 4-33 | 图 4-34 | 图 4-35 | 图 4-36 |

4.2.4 升镜头 + 跟镜头 + 摇镜头

效果展示　升镜头 + 跟镜头 + 摇镜头，即镜头在跟随人物的过程中进行上升，并进行左摇的运镜，由人到景，让画面内容的转变更自然。这种运镜方法很适合用来传递视频即将结束的信息，实拍效果如图 4-37、图 4-38 所示。

图 4-37

图 4-38

运镜拆解 下面对运镜拍摄过程做详细的介绍。

步骤 1 拍摄者调整镜头角度，低角度拍摄人物的背影，如图 4-39 所示。

步骤 2 拍摄者跟随人物前行，人物可以跟镜头有一些互动，如图 4-40 所示。

步骤 3 镜头在跟随人物进行拍摄的过程中微微上升，如图 4-41 所示。

图 4-39

图 4-40

图 4-41

步骤 4 在镜头跟随上升至一定高度后，人物停止前行，如图 4-42 所示。

步骤 5 镜头继续上升并左摇，拍摄环境，如图 4-43 所示。

步骤 6 镜头左摇至拍摄夕阳，给画面留白，给观众留下想象的空间，如图 4-44 所示。

图 4-42

图 4-43

图 4-44

第 5 章　抖音热门运镜：
　　　火爆全网的运镜玩法

本章主要介绍抖音热门运镜，包括希区柯克变焦、无缝转场、盗梦空间等运镜玩法，同时对一些专业级运镜搭配进行介绍。在拍摄人像视频时使用这些运镜方法，会让视频画面更有创意，给观众带来别样的视觉感受，视频效果足够好的话，甚至可以迅速上热门，获得更多的流量。

5.1 抖音热门运镜

本节主要介绍抖音热门运镜玩法，比如希区柯克变焦、快速摇镜头、无缝转场、盗梦空间，为人像视频创作添加更多亮点。

5.1.1 希区柯克变焦

效果展示 希区柯克变焦镜头来自导演希区柯克的电影，指拍摄人物的焦段不变，背景变焦，使视频拥有空间压缩感。选择"背景靠近"这一拍摄效果，镜头渐渐远离人物进行拍摄，实拍效果如图 5-1、图 5-2 所示。

图 5-1

图 5-2

拍摄指导 下面对拍摄过程做详细的介绍。

步骤 1 在手机中下载并安装 DJI Mimo 软件，连接设备之后，进入拍摄模式。固定镜头后，❶切换至"动态变焦"模式；❷默认选择"背景靠近"拍摄效果；❸点击"完成"按钮，如图 5-3 所示。

图 5-3

步骤 2 ❶框选人物；❷点击拍摄按钮，如图 5-4 所示。拍摄时，人物位置不变，拍摄者向后拉出一段距离，慢慢远离人物。

图 5-4

步骤 3 拍摄完成后，点击拍摄按钮，即可停止拍摄，显示合成进度，如图 5-5 所示。合成完成后，即可在相册中查看拍摄的视频。

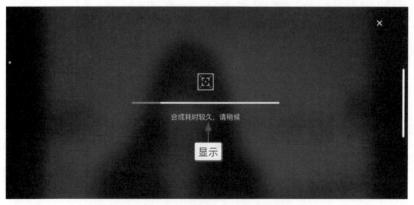

图 5-5

动态变焦时还可以选择"背景远离"拍摄效果。选择"背景远离"拍摄效果后，镜头要向前推，从远到近地靠近人物。无论选择哪种拍摄效果，都需要框选画面中的主体。在选择视频背景时，最好选择线条感强烈、画面简洁的背景。

5.1.2 快速摇镜头

效果展示 镜头的切换方向一致时，可以无缝连接两段视频，实现自然过渡。在两段视频的连接处，可以用快速摇镜头的方法进行拍摄，实拍效果如图 5-6、图 5-7 所示。

图 5-6

图 5-7

运镜拆解 下面对运镜拍摄过程做详细的介绍。

步骤 1 拍摄者在人物前面拍摄，人物下阶梯并朝镜头走来。拍摄者正面跟随人物并下降镜头进行拍摄，如图 5-8 所示。

步骤 2 人物停止前行并转头看向远处，拍摄者向左侧快速摇镜头，如图 5-9 所示。

步骤 3 转换场景，拍摄者继续快速向左侧摇镜头，如图 5-10 所示。

步骤 4 拍摄者摇镜头至拍摄到人物背影，跟随人物前行一段距离，如图 5-11 所示。

图 5-8

图 5-9

图 5-10

图 5-11

5.1.3 无缝转场

效果展示 使用相同的元素连接视频，可以实现无缝转场。如使用衣服做遮罩，在前推运镜和后拉运镜的过程中实现自然过渡，实拍效果如图 5-12、图 5-13 所示。

图 5-12　　　　　　　　　　　　图 5-13

运镜拆解 下面对运镜拍摄过程做详细的介绍。

步骤 1 人物前行的时候，拍摄者在人物的斜侧面拍摄，如图 5-14 所示。

步骤 2 镜头向人物的位置推进，并逐步推向人物的衣服，如图 5-15 所示。

步骤 3 换一个场景，镜头靠近拍摄人物背部的衣服，如图 5-16 所示。

步骤 4 拍摄者远离人物，后拉拍摄人物的上半身，如图 5-17 所示。

图 5-14　　　　　　图 5-15　　　　　　图 5-16　　　　　　图 5-17

5.1.4 盗梦空间

效果展示 盗梦空间运镜来自电影《盗梦空间》，通常用旋转镜头的方式完成，让画面失去平衡感，营造疯狂或者丧失方向感的气氛，让画面看起来更加梦幻、炫酷，就好像在梦境中一般，实拍效果如图 5-18、图 5-19 所示。

图 5-18   图 5-19

运镜拆解 下面对运镜拍摄过程做详细的介绍。

步骤 1 人物前行的时候，拍摄者在人物的背后跟随拍摄，如图 5-20 所示。

步骤 2 拍摄者在跟随拍摄的过程中向左旋转手机，如图 5-21 所示。

步骤 3 拍摄者在跟随拍摄的过程中向右旋转手机，如图 5-22 所示。

步骤 4 镜头向右旋转到一定的角度，展现倒转的天空，如图 5-23 所示。

图 5-20   图 5-21   图 5-22   图 5-23

5.2 专业级运镜搭配

使用"动动"结合或者"动静"结合的运镜方法，把运动镜头与运动镜头或者固定镜头搭配在一起，会有不一样的运镜效果，本节介绍 3 种最常见的专业级运镜搭配。

5.2.1 旋转前推 + 旋转后拉

效果展示 在拍摄具有动感的人像视频时使用旋转运镜，可以让画面更具新奇感。在旋转前推和旋转后拉的过程中实现场景切换，可以让人物"瞬移"，实拍效果如图 5-24、图 5-25 所示。

图 5-24

图 5-25

运镜拆解 下面对运镜拍摄过程做详细的介绍。

步骤 1 人物固定位置，背对镜头，拍摄者远离人物，拍摄其背影，如图 5-26 所示。

步骤 2 拍摄者将镜头向人物推进，并旋转手机至一定的角度，如图 5-27 所示。

步骤 3 转换场景，镜头倾斜一定的角度，靠近，拍摄人物的背影，如图 5-28 所示。

步骤 4 在人物转身时，拍摄者远离人物，进行旋转后拉拍摄，如图 5-29 所示。

图 5-26

图 5-27

图 5-28

图 5-29

5.2.2 固定全景 + 跟摇运镜

效果展示 固定全景 + 跟摇运镜，即镜头先固定位置，拍摄人物全景，再跟摇拍摄运动中的人物，动静结合，使画面具有层次感，实拍效果如图 5-30、图 5-31 所示。

图 5-30

图 5-31

运镜拆解 下面对运镜拍摄过程做详细的介绍。

步骤 1 拍摄者固定镜头位置，拍摄人物正面全景，如图 5-32 所示。

步骤 2 人物慢慢向镜头走来，如图 5-33 所示。

步骤 3 切换机位，人物转弯，镜头拍摄人物的侧面，如图 5-34 所示。

步骤 4 在人物前行的时候，拍摄者固定位置，控制镜头跟摇拍摄人物，展示人物的背影，如图 5-35 所示。由正面到背面的展示方法，可以用于表现人物的出场。

图 5-32　　　　　图 5-33　　　　　图 5-34　　　　　图 5-35

5.2.3 后拉运镜 + 固定全景镜头

效果展示 后拉运镜 + 固定全景镜头，即组合后拉镜头和固定镜头，用不同高度的镜头来展现人物，从局部到整体，全面地刻画人物、展现人物周围的环境，实拍效果如图 5-36、图 5-37 所示。

图 5-36　　　　　　　　　　　　　　图 5-37

运镜拆解 下面对运镜拍摄过程做详细的介绍。

步骤 1 拍摄者在人物的正面，跟随拍摄人物，如图 5-38 所示。

步骤 2 人物前行时，拍摄者逐渐远离人物，进行后拉运镜，如图 5-39 所示。

步骤 3 转换机位，拍摄者固定镜头位置，拍摄人物正面，如图 5-40 所示。

步骤 4 人物停止前行，抬头观赏风景，镜头拍摄包括人物在内的全景画面，如图 5-41 所示。

图 5-38 　　　　　　　　　图 5-39 　　　　　　　　　图 5-40 　　　　　　　　　图 5-41

专题实战篇

第 6 章　故事片运镜：
用镜头拍出一段故事

本章故事片是古风故事片，用镜头拍出一段古风故事。在拍摄古风故事片前，拍摄者需要做好拍摄准备，比如，确定拍摄类型和主题、设计脚本、准备服装和道具等，此外，还需要掌握一定的用光技巧。相信大家在学完本章内容之后，可以拍摄出具有自己风格的故事片。

6.1 拍摄要点提炼

拍摄视频需要注意的事项很多，只有进行了充分的准备，才能拍摄出理想的视频作品。本节为大家介绍故事片的拍摄要点，帮助大家梳理拍摄思路。

6.1.1 拍摄准备

高质量又出片的视频离不开充分的拍摄准备，下面为大家介绍拍摄视频前需要做的准备工作。

1．确保镜头干净

无论是拍照片还是拍视频，第一步都是确保手机镜头是干净的。在使用手机的过程中，难免有灰尘、汗渍、油脂混合物残留在镜头上，如果不把镜头擦干净，拍摄出来的画面很可能是灰色的、模糊的、不清晰的，如图 6-1 所示。这样，就算拍摄的风景、模特再美，也难以记录一二。拍摄前，把镜头擦干净，有利于拍出高清的视频，如图 6-2 所示。

图 6-1

图 6-2

2．调高手机亮度

拍摄视频之前调高手机亮度，一是可以提升视频画面的清晰度，二是可以让画面细节得到更好的体现，进而让视频画面更加真实、有立体感。一般情况下，下拉手机设置界面，调出控制面板，即可调整手机亮度，如图 6-3、图 6-4 所示。

3．设置视频的分辨率与帧率

如果拍摄出来的视频比较模糊，很有可能是因为视频的清晰度不高。分辨率的参数

图 6-3

图 6-4

设置和帧率的参数设置会影响视频的清晰度，下面详细介绍设置的方法。

在苹果手机（ISO 系统）中，❶在"设置"界面选择"相机"选项；❷在"相机"界面设置"录制视频"和"录制慢动作视频"的分辨率参数和帧率参数，如图 6-5、图 6-6 所示。

在安卓手机（以 vivo NEX S 型号为例）的"录像"界面，❶点击右上角的"1080P"按钮；❷设置分辨率参数，如图 6-7 所示。

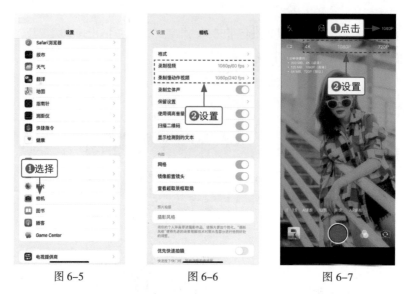

图 6-5　　　　　　图 6-6　　　　　　图 6-7

一般情况下，分辨率参数和帧率参数可以分别设置为 1080p 和 60fps，这样不仅可以保证视频的清晰度和流畅度，上传和下载视频也不会占过大的内存。

6.1.2　确定类型和主题

一般而言，拍摄者会将自己拍摄的视频投放到短视频平台上。目前，大多数短视频平台上的视频的时长以不超过一分钟为佳，以 10 ~ 30 秒为最佳。

在拍摄故事片的时候，可以根据抖音平台上比较火热的几类视频来确定视频类型，进而确定故事大纲和视频风格。

在抖音平台上，比较火热的视频类型如下。

1．搞笑类

搞笑类短视频通常是较火的短视频，大多数观众喜欢看，因为人们普遍喜欢看欢乐的故事。在拍摄内容上，搞笑类短视频有段子、情景、模仿、恶搞等。在拍摄手法上，搞笑类短视频主要注重情节、台词和表情设计。

2．美妆类

美妆类短视频中比较容易火的是化妆教学类短视频和变装短视频，从素颜到全妆，画面多极具反差感。在拍摄手法上，美妆类短视频比较注重视频内容与音乐节奏的配合，用妆前妆后对比、后期转场、推拉运镜等手法，来强化反差感。

3．才艺类

短视频平台上有才艺的短视频博主非常多，可谓卧虎藏龙，只要有真技术，就能吸引观众。在拍摄手法上，才艺类短视频主要用平铺直叙的手法。展示才艺是才艺类短视频的主要内容，拍摄时，一般以固定镜头为主。

4．正能量类

许多观众喜欢看正能量类短视频，因为可以收获感动和鼓励。正能量类短视频的拍摄成功与否主要在于剧本与画面是否相得益彰，文案和背景音乐的选择是重中之重，画质和画面逻辑方面的要求则并不高。

5．颜值类

最初，颜值类短视频很好拍摄，高颜值博主只要露个脸、跳个舞，就能获得大量的点赞。随着观众审美水平的提高，如今，颜值类短视频不像过去那样容易火出圈了，需要加入一定的剧情铺垫。渐渐地，让高颜值博主当主角，按设计好的情节进行表演，成为主流短视频的创作技巧之一。这类短视频对表演者和拍摄者有更高的要求，在后期处理上也更复杂了。

本章以颜值类剧情短视频为例，设置主题为"思归人"，让主角穿着古装拍摄一段十几秒的古风故事短视频。

6.1.3 设计脚本

在拍摄视频之前，需要设计脚本，这样，拍摄过程中才能胸有成竹。《思归人》古风故事短视频脚本见表 6-1。

表 6-1 《思归人》古风故事短视频脚本

镜号	运镜方法	画面内容	景别	时长（秒）
1	跟随上升	模特上阶梯，登上古建筑	远景	3
2	升镜头	模特举伞	近景	3
3	仰拍镜头	模特举伞看向远处	中近景	3
4	侧面跟随	模特在建筑物上行走	近景	3
5	固定镜头	模特看向远处，思念归人	中景	3

在设计脚本之前，需要现场踩点，以便了解具体拍摄环境及拍摄计划。该视频要在夏天拍摄，因此最好选择天气晴朗的下午进行拍摄，风景会好一些，拍摄效果更加有保障。

在拍摄之前和拍摄过程中，需要随时对脚本进行精细调整。最好在设计脚本时就多提列一些运镜方法，使用不同的运镜方法拍摄多段视频素材，这样在后期剪辑时，会有多段视频素材可选用。脚本不是一成不变的，如表 6-1 所示的脚本是最终成品，在此之前，会有一些脚本草稿。

拍完视频素材，进行剪辑时，需要挑选最精美的片段。对不适合的视频素材，要及时删除和更替。整理素材时，最好按照时间、空间顺序对素材进行排序，让镜头之间的切换更加流畅。

脚本是拍摄框架，在框架内进行拍摄，并及时地做出调整，拍摄和剪辑的效率会更高。

6.1.4 准备服装和道具

拍摄古风类视频需要准备相应的服装和道具，这样才能拍摄出"古人"的感觉。

1. 准备服装

在准备服装之前，需要选定拍摄场所。最好选择荷花塘边、古街、花海、竹林、各类廊亭等场所，更具古风古韵。

妆容方面，要根据服装的朝代和拍摄主题进行调整。

服装方面，汉服是最佳选择。汉服，即汉民族的传统服饰。汉服种类繁多，在形制上存在一定的争议，此处不做深入探讨。

一般而言，夏季拍摄可以选择偏轻薄、透气的汉服，这样模特不容易中暑。汉服一般是多件套，且为长袖，整体比较厚重，在夏季穿着汉服进行拍摄，要合理控制拍摄时长。

关于颜色的选择，可以根据模特的气质决定。如果模特比较英气，可以选择白色系、红色系、黑色系的修身服装，如图6-8所示；如果模特比较可爱，可以选择粉色系、黄色系的服装；如果模特气质比较温婉、恬静，可以选择青色系、绿色系的服装，如图6-9所示，这种色调的服装相对而言更适合夏天。

图 6-8　　　　　　　　　　图 6-9

如果在秋季、冬季拍摄，可以搭配披风、斗篷，不仅防寒，而且更加应景，如图6-10所示。

图 6-10

2．准备道具

道具在古风视频中起着画龙点睛的作用，不仅能够帮助模特酝酿情绪、摆出有故事感的姿势，还能够强化主题，让画面更加和谐，让观众产生更加深刻的印象。

平时，我们可以通过看古装剧、听戏曲等渠道来了解和积累道具准备经验。道具要使用正确，比如，在拍摄以"诸葛亮的生活"为主题的视频时，要使用羽毛扇为道具，而不是剑；在拍摄以"李清照的过往"为主题的视频时，要使用书、毛笔等具有文人气息的物品为道具，而不是骏马、仪仗。

不同的道具，有不同的作用，比如，笛子的声音具有空灵感，可以用在清新、灵动的视频里；二胡的声音具有悲怆感，可以用在萧条、清冷的视频里。

使用道具的时候，切忌"张冠李戴"，比如，弄错古琴的摆放方向，或者道具与模特服装所属的朝代不匹配，会贻笑大方。

下面介绍一些常用的古装道具，给大家提供基础搭配思路。

①笛／箫。轻便又好拿，注意使用时的指法即可。

②扇子。折扇和团扇都是百搭、易携带的道具，不会让模特的双手无处摆放。

③花／花篮。最好选择与服装颜色相近的花／花篮，假花更耐放，且不会枯萎。在互动方面，模特可以低头嗅花，或者用手指轻碰花瓣，如图 6-11 所示。在自然场景中拍摄时，注意不要随意踩踏、采摘真花。

图 6-11

④古书／画卷。这是非常具有文人气息的道具，能让模特显得文质彬彬。

⑤琴／棋。能让模特看起来更加专注，缺点是有一定的重量，不易携带。

⑥灯笼。在夜拍的时候，灯笼是最合适的道具之一。

⑦刀／剑。在一些武侠风视频中，可以用来增加"侠气"。

还有很多道具，这里不逐一列举。拍摄者可以在拍摄现场观察周围的景物，树枝、落叶、窗、镜等，都可以作为道具使用。

6.1.5 掌握用光技巧

在视频拍摄过程中，合理使用光线是非常重要的，想要让画面有"灵魂"，必须掌握一定的用光技巧。光线可以使模特显得很胖，也可以使模特显得很瘦，甚至有时，在对模特的性格、情绪、外形的塑造上，光线也会产生一定的影响。下面介绍自然光线和人造光线的用光技巧。

1. 自然光线

自然光线主要指太阳光。太阳光是一直变化的，最佳适用场景随之多变。根据光源的方向和性质，有逆光、顺光、侧光、顶光、反射光、透射光、区域光等光线类型。

①逆光。逆光常让拍摄者又爱又恨，一方面，因为逆光环境比较容易构造强对比画面，给观众非常强的视觉冲击力，所以很容易拍摄出唯美的视觉效果；另一方面，同样因为主体和环境能形成强烈的对比关系，所以如果拍摄者处理不当，画面很容易过曝或者欠曝，失去细节。在逆光环境中拍摄的照片很容易具有氛围感，如图 6-12 所示。

图 6-12

②顺光。顺光拍摄时，光直接照在模特身上，模特的正面没有任何阴影，面部受光均匀，如图 6-13 所示。顺光拍摄的优点是拍摄对象的色彩、形态等细节特征都能得到充分的表现，缺点是明暗变化不明显，缺乏层次感和立体感。在顺光拍摄中，可以借用前景或者添加影子，让画面更有层次感。

图 6-13

③侧光。侧光是最常用的光线之一，主要指从镜头侧面 90°的方向照射过来的光线，可以用于打造光影层次感，塑造模特轮廓。侧光拍摄的模特侧面如图 6-14 所示，画面具有强烈的明暗对比感，模特显得很立体。侧光拍摄需要掌握时机，日出后一小时和日落前一小时是侧光拍摄的"黄金时间"。

图 6-14

顶光。顶光光源在模特的上方，光线从模特头顶照射下来，影子在模特脚下。顶光环境中的模特，头发、眉骨、鼻子的阴影会留在脸上，画面会显得有些不干净，因此，一般不建议用顶光拍摄人像视频。

反射光。反射光是物体反射出来的光，比如用反光板辅助拍摄时，反光板所反射出来的光。反射光可以充当补充光。

透射光。透射光是光穿过物体透出的光，丁达尔效应、天使光等，都是透射光。

区域光。区域光是光线透过天空的云层、地面的植物，或是其他景物的缝隙所投射到地面的局部区域光线。区域光常出现在广袤的草原、高原等地。

2．人造光线

人造光线，顾名思义，是人工制造的光线，蜡烛、电灯、摄影灯发出的光线，都是人造光线。

人造光源分为持续光源和瞬间光源两大类。灯具、蜡烛、手电筒等光源，属于持续光源；闪光灯等光源，属于瞬间光源。

人造光线比自然光线的可控度高，因为光源的强度、方向和色温都能被掌控，拍摄时，人造光线可以与自然光线相辅相成。

在商业古风视频拍摄领域，使用人造光线可以提升出片率。在实际拍摄过程中，使用人造光线要考量光源大小、强弱、与模特之间的距离，这样才能拍出理想的画面。

在室内拍摄时，可以用人造光线营造环境氛围，让模特更显立体，如图 6-15、图 6-16 所示。图 6-15 中，利用氛围灯打造了斑驳的光影氛围；图 6-16 中，利用模特背后的摄影灯制造了逆光效果。

图 6-15

图 6-16

6.2 故事片运镜拍摄实战

在做好了拍摄准备、确定了拍摄类型和主题、完成了脚本设计、准备妥当服装和道具之后，就可以拍摄视频了。本节主要欣赏《思归人》古风故事片的拍摄效果，并分析如何完成分镜头拍摄实战。

6.2.1 视频效果欣赏

效果展示 在进行古风视频后期制作时，可以为视频中的人像进行美颜处理，并为视频添加滤镜进行调色，添加特效、音乐、文字等进行效果优化，从而让画面更精美、更有故事感，视频效果如图 6-17 至图 6-22 所示。

图 6-17　　　　　　　　　　图 6-18　　　　　　　　　　图 6-19

图 6-20　　　　　　　　　　图 6-21　　　　　　　　　　图 6-22

关于人像视频后期处理方法和美颜方法，在本书的第11章至第14章有详细的介绍，大家可以前往学习。

6.2.2 分镜头拍摄实战

实战拍摄故事类古风视频时，需要合理使用镜头语言表达故事内容。按照脚本进行拍摄，画面会更有逻辑。下面介绍具体的分镜头拍摄方法。

1．镜头1：跟随上升运镜

拍摄者在低处、在模特的侧面，拍摄模特登高的画面，如图 6-23、图 6-24 所示。在模特登高的同时，镜头需要跟随上升。拍摄者可以使用近大远小的构图方式，多展示环境，在视频开端交代环境和模特的关系。

2．镜头2：升镜头

模特在楼阁上举高油纸伞的时候，镜头需要跟随模特的动作进行升高，拍摄模特举伞的画面，如图 6-25、图 6-26 所示。镜头升高时，画面内容会随之发生变化，模特的面容渐渐出现在画面中。在模特的侧面进行拍摄，可以为模特增加神秘感。让模特迎光站立，拍摄者顺光拍摄，可以展示更多的细节。

图 6-23　　　　　　　　　　　　　图 6-24

3．镜头3：仰拍镜头

第 3 个镜头是仰拍镜头，拍摄模特眺望远处的画面，如图 6-27、图 6-28 所示。在模特的正侧面拍摄，可以直接传递模特的情绪。因为主题是"思归人"，所以视频中一定要有模特表达思念情绪的画面。在模特的正侧面仰拍模特，可以让模特更显苗条。

4．镜头4：侧面跟随镜头

日落时分，拍摄者在模特的反侧面，逆光跟随拍摄行走的模特，如图 6-29、图 6-30 所示。在跟随拍摄的过程中，光线洒在模特身上，轻纱服装透着光，若能抓取到若隐若现的明暗对比画面，视频会更具氛围感。

图 6-25　　　　　　　　　　　　　图 6-26

图 6-27 　　　　图 6-28 　　　　图 6-29 　　　　图 6-30

5. 镜头5：固定镜头

第 5 个镜头是最后一个镜头，在一条两侧种满杉树的路上，在模特斜侧面拍摄模特满怀期待、若有所思地看向远处的画面，如图 6-31、图 6-32 所示。在这个画面中，根据模特的表情，可以猜测她所思之人已在归途，"思归人"圆满画上了句号。

图 6-31 　　　　图 6-32

第 7 章　情绪片运镜：
拍摄唯美的夕阳人像

　　情绪片通常会密集传递喜、怒、哀、乐等情绪。在情绪片中，模特可以通过自身的表情和肢体动作传递情绪，拍摄者则可以通过光影、构图、运镜等传递情绪。如何拍摄情绪片呢？本章为大家介绍拍摄唯美的夕阳人像氛围大片的方法，帮助大家掌握拍摄情绪片的技巧。

7.1 拍摄要点提炼

拍摄情绪片，重点是知道怎样表达情绪，尤其是怎样通过画面表达情绪。下面为大家介绍情绪片的拍摄要点，帮助大家拍出抓人眼球、引人深思的情绪片。

7.1.1 构建场景

构建场景，指在确定拍摄主题之后，选择合适的拍摄场景，或者自己搭建拍摄场景。

日常生活中，容易出片的场景很多，选择合适的场景，可以让情绪片拍摄事半功倍。

①隧道、楼梯、走廊。这些场景自带纵深感，可以很好地突出人物、表达意境。在具有纵深感的走廊里拍摄的画面如图 7-1 所示，人物处于这种场景中时，可以很好地释放情绪。

图 7-1

②公园、街边绿植附近。公园是非常适合拍摄情绪片的场景之一，因为公园里的小树林、枯草丛、长椅等，都很适合营造氛围。街边绿植更是如此，绿植一年四季都在变化，以此为场景，不同的季节可以拍摄出不同风格的情绪片。在绣球花附近拍摄的人物特写画面如图 7-2 所示，闪闪发光的绣球与人物特写互相映衬，文艺感十足。

图 7-2

③雨天、室内。雨天会带给人一种阴郁的情绪，尤其是小雨天气，非常适合拍摄情绪片。在室内搭建场景，也能拍摄出情绪大片，如图 7-3 所示。

图 7-3

除了前文提及的场景，站台、街道、超市，以及江边、湖边、海边等，都能拍摄情绪片。拍摄者平时可以多看电影、多采风，积累经验。

7.1.2 多注意细节和特写

拍摄情绪片，尤其需要注意细节和特写，因为细节和特写可以放大画面中的情绪点。在人像视频拍摄中，细节和特写拍摄能在一定程度上扬长避短，凸显人物的优点，捕捉画面中最美的一帧。下面介绍如何拍摄细节和特写。

1．选择合适的焦段

拍摄细节和特写时，选择合适的焦段可以放大画面。比如，在 iPhone 13 Pro Max 手机的"视频"拍摄界面中选择 3x（3 倍）焦段，可以达到放大拍摄道具细节和人物特写部位的目的，如图 7-4 所示。

图 7-4

2．选择合适的拍摄角度

拍摄时，拍摄者要尽量避免正面拍摄模特，因为正面拍摄容易让模特看起来很胖，最好拍摄模特的侧面，效果会比较理想，如图 7-5 所示。

图 7-5

3．捕捉人物的神态

　　拍摄情绪片，最忌讳模特神态僵硬、不自然。想要拍出自然的人物特写，需要准确捕捉人物的神态。拍摄者要善于在拍摄过程中进行观察和引导，让模特放松，并适时抓拍模特，如图 7-6 所示。

图 7-6

　　拍摄者在引导模特展现理想的姿势、表情时，可以多与模特交流，多赞美模特，让模特更自信。或者尝试让模特放空，想一些开心或者不开心的事情。

7.1.3　用道具渲染气氛

　　道具，在情绪片拍摄过程中起着渲染气氛的作用。不同的道具有不同的用处，下面介绍一些常用的情绪片道具。

　　①镜子。作为道具，镜子很好用，常出现在各种风格类型的视频中。在镜子中，可以看到人物另一个角度的样子，不管是拍摄镜子里的全身，还是特写，都可以很轻松地给观众以惊喜感。需要注意的是，使用镜子当道具时，要考虑镜子里的影像与整体画面的协调性。

　　②花。花也是万能道具之一，模特可以拿着、靠着，或者咬着，都非常出片。花的颜色不同，表达的情绪也不同。拍摄时，根据拍摄需求，要特别注意花朵的颜色与服装、背景的搭配。

　　③书和报纸。书籍内容不同，所适合的拍摄风格也不同。在情绪片里，最好使用小说、散文、诗集等书籍，切忌使用太严肃、专业的书籍，否则容易让观众感觉跳戏。报纸是物美价廉的道具之一，拍摄者可以让模特阅读报纸，也可以让模特撕破报纸，将报纸用作前景，进行框架式构图。

　　④塑料薄膜。塑料薄膜的颜色不同，营造的氛围会有极大的差异。拍摄时，使用塑料薄膜遮挡人物，画面会极具张力，如图 7-7、图 7-8 所示。

图 7-7　　　　　　　　　　　　　　　图 7-8

⑤雨伞。在雨天拍摄情绪片，雨伞是最合适的道具之一。透明雨伞可以在挡雨的同时露出模特的脸，让画面更有朦胧感；红色雨伞是比较显眼的存在，可以提高画面元素的反差感；黑色雨伞则比较庄重、严肃。

⑥玻璃制品。玻璃杯、酒瓶、透明花瓶等玻璃制品可以在光影下用作前景，为画面带来朦胧感和炫光效果。这些玻璃道具还可以用于搭建场景，让画面更有氛围感。

⑦蒙眼丝带。在模特有镜头恐惧症的情况下，这种道具可以帮助模特闭上眼睛进行放松，拍摄出更为自然的视频画面。

拍摄时，拍摄者最好根据视频主题选择道具。道具不能过多或者过于杂乱，否则画面会显得不太和谐。使用道具时，拍摄者要注意引导模特根据道具特点摆姿势、做表情，道具不能只是摆设，不然就无法有效地发挥其作用。

7.1.4　注意画面构图

拍摄情绪片时，可以突破常规标准进行画面构图，比如脱离三分线，营造疏离感、失衡感、分割感，让情绪表达得更大胆。

拍摄情绪片时，构图可以以人物为主，让人物充满画面，如图 7-9、图 7-10 所示，从而放大人物的情绪。此外，可以尝试让人物处于画面的边缘位置，如画面的四个角之一。切记，人物的面部不宜有明显的表情，不然可能会显得狰狞。

图 7-9 　　　　　　　　　　　　　　　　　图 7-10

7.1.5 巧用光影渲染气氛

　　拍摄情绪片时，自然光影是最合适的光影，比如，窗格光、树影，都能够让画面具有层次感和氛围感。在逆光环境中，画面的光影感是最足的，情绪也是最深邃的，如图 7-11 所示。

图 7-11

除了使用自然光影，也可以使用人工打造的光影氛围。下面介绍一些打光道具。

① LED 灯，全称为 Light Emitting Diode，译为发光二极管。LED 灯的光多是暖黄色的，在暗光环境中，不仅可以为模特补光，还能打造梦幻、唯美、浪漫的光影氛围。

②烟花棒。烟花棒发出的暖光也极具光影氛围感，如图 7-12 所示。最好在户外空旷、通风的地方使用烟花棒，水边是最合适的场景之一，拍摄时间可以选择日落后的一个小时内，在"蓝色时刻"拍摄，可以营造较强的冷暖对比感。

图 7-12

③投影灯。在室内拍摄时，投影灯是最合适的光影道具之一，它可以发出各种颜色的灯光，营造流光溢彩的画面氛围感。

在拍摄的过程中，要善于寻找光影、利用光影，将视频画面的效果提升一个档次。

7.1.6 调动模特的情绪

在情绪片拍摄过程中，模特的一颦一笑都会影响视频画面的情绪传递。调动模特情绪这件事，需要拍摄者和模特配合到位，以便高效提升视频画面的美感。

情绪是多样的，主要靠表情和肢体动作表达。人物生气时，会有噘嘴、瞪眼、叉腰等表情和动作；人物开心时，会有大笑、捧腹、上扬双手、鼓掌等表情和动作；人物悲伤时，五官多处于放松状态，眉眼是下垂的，双手可能会不由自主地抱住自己，整个人处于自我保护和防御状态。

拍摄情绪片时，拍摄者可以根据情绪表达的逻辑推导动作，进而引导模特。拍摄者引导模特时，可以主动示范一二，告诉模特自己想要的效果。

在情绪片中，情绪应该是一目了然的、可以被感知到的。如果情绪不饱满，画面效果会受到负面影响，情绪片就不那么打动人了。建议拍摄者在模特情绪饱满的时候进行拍摄，以保证拍摄效果的良好。

下面介绍两个好用的调动模特情绪的方法。

①多与模特沟通。拍摄前，拍摄者需要多与模特交流、沟通，了解模特的性格、爱好，争取获得模特的信任。模特信任拍摄者，拍摄时才会有松弛感。在拍摄现场，除了语言鼓励，播放背景音乐、进行指导示范也是非常有效的沟通方法。

②借助动态道具。泡泡机、宠物等动态道具可以吸引模特的注意力，让模特动起来，有更真实、丰富的情绪。拍摄时，一定要多关注模特的眼神，因为眼睛是最能传递情绪的部位，如图 7-13 所示。

图 7-13

7.1.7 后期调出情绪色调

情绪片中，画面色彩对观众感情的影响可能会超过其他因素对观众感情的影响。情绪片不同于普通的人像视频，不是模特越漂亮、画质越清晰、色彩越丰富越好，需要在后期进行"二创"，让色彩为情绪服务。下面介绍 4 种调色思路。

①黑白色调。黑白色调是情绪片中最基础的色调之一，它除去了色彩干扰，能放大画面情绪。使用黑白色调，对光影有较高的要求，不能过曝，不然画面全白；也不能欠曝，否则画面全黑，均无法正确地传递情绪。在视频编辑软件里，可以酌情为视频画面添加黑白滤镜。

②暖色调。在表达开心、喜悦的情绪片里，暖黄色调是最合适的色调，能够让观众感觉到温暖。在视频编辑软件里，可以酌情提高视频画面的色温参数，合理地使用暖色调。

③冷色调。冷色调会给人带来安静、凉爽、寒冷、坚实、强硬的视觉感受，让人有悲伤、阴郁、平静的情绪，如图 7-14 所示。在视频编辑软件里，降低视频画面的色温参数和色调参数，可以酌情调制冷色调。

图 7-14

④低明度、低饱和度色调。这种色调的攻击性比较低，非常平和，但如果参数过低，会形成压抑的氛围，如图 7-15 所示。在视频编辑软件里，降低视频画面的明度参数和饱和度参数，可以酌情调制低明度、低饱和度色调。

图 7-15

7.2 情绪片运镜拍摄实战

本次的情绪片运镜拍摄实例是一段悲伤、唯美的夕阳人像独白视频，拍摄场景在水边，模特为穿着白色裙子的女生，道具有水瓶和花束。本节主要欣赏夕阳人像独白视频的拍摄效果，并分析如何完成分镜头拍摄实战。

7.2.1 视频效果欣赏

效果展示 在后期制作过程中，可以通过添加滤镜和特效、制作慢动作画面、添加悲伤的背景音乐和相应的独白文字营造悲伤的情绪氛围，视频效果如图 7-16 至图 7-23 所示。

图 7-16

图 7-17

图 7-18

图 7-19

图 7-20

图 7-21

图 7-22

图 7-23

7.2.2 分镜头拍摄实战

为了让视频有逻辑，拍摄者需要提前设计脚本，按照脚本进行拍摄。拍摄时，拍摄者可以多拍摄模特的近景、特写等景别的画面，着重突出模特的情绪。下面为大家讲解分镜头拍摄技巧。

1. 镜头1：模特手握水瓶

模特站在水边，手握水瓶。拍摄者在模特的侧面，拍摄模特的侧面近景，顺便交代水边环境，如图 7-24、图 7-25 所示。

图 7-24

图 7-25

2. 镜头2：模特放下水瓶

模特蹲下，把水瓶放在水边。拍摄者调整镜头角度，拍摄模特的动作特写。在构图上，可以多留白，让画面有想象的空间，如图 7-26、图 7-27 所示。

图 7-26

图 7-27

3．镜头3：模特手捧花束转头

模特手捧花束，从转身看夕阳的动作变化为慢慢转过头眺望正前方的动作。拍摄者在模特的侧面，逆光拍摄近景画面，如图 7-28、图 7-29 所示。

图 7-28　　　　　　　　　　　　　　　　图 7-29

4．镜头4：模特手捧花束朝前看

拍摄者在模特的侧面，以柱子为前景，拍摄手捧花束的模特。在拍摄的过程中，镜头缓缓向右移，画面渐渐失焦，营造落寞的氛围感，如图 7-30、图 7-31 所示。

图 7-30　　　　　　　　　　　　　　　　图 7-31

5．镜头5：模特张开双手

模特站在石堆上方，张开双手吹风。拍摄者在模特的反侧面，用手机的 3 倍焦段放大并仰拍模特，如图 7-32、图 7-33 所示。这样拍摄，可以避免拍摄到杂乱的地面，让画面背景更加简洁，更有效地放大人物的情绪。

图 7-32　　　　　　　　　　　　　　　　图 7-33

6．镜头6：模特弯腰看低处

拍摄者在模特的侧面拍摄模特手捧花束，弯腰看低处的画面，如图 7-34、图 7-35 所示。这是一个特写画面，没有展示模特的面部表情，观众需要根据模特的肢体动作猜测其行为，画面具有神秘感。

图 7-34   图 7-35

7．镜头7：模特手捧花束低头

拍摄者在模特的斜侧面举高镜头，近距离拍摄模特的表情特写。模特低头看向花束，眉眼低垂，一副失望的样子。拍摄者渐渐放低镜头的高度，顺着模特的视线，让画面焦点逐渐转移到花束上方，如图 7-36、图 7-37 所示。

图 7-36   图 7-37

8．镜头8：模特转身不看镜头

拍摄者在模特的侧面，拍摄模特转身不看镜头的近景画面，如图 7-38、图 7-39 所示。

图 7-38   图 7-39

9．镜头9：模特手捧花束的侧面

拍摄者在模特的侧面，微微升高镜头，拍摄模特捧花不露脸的样子，从而丰富视频的拍摄角度，让情绪更有层次感，如图 7-40、图 7-41 所示。

图 7-40　　　　　　　　　　　　　　　　图 7-41

10．镜头10：模特向水边走去

拍摄者以石头为前景，在模特的反侧面，拍摄模特渐渐向水边走去的画面，如图 7-42、图 7-43 所示。

图 7-42　　　　　　　　　　　　　　　　图 7-43

11．镜头11：模特孤独地站在水边

拍摄者远离模特，在模特的侧面举高手机并放大焦段、升高镜头，拍摄模特落寞地站在水边的全景画面，如图 7-44 所示。在剪映 App 中为作品添加"变黑白"基础特效，可以让画面渐渐变成黑白色，如图 7-45 所示。这时，悲伤的情绪会逐步高涨。

图 7-44　　　　　　　　　　　　　　　　图 7-45

第 8 章　人像街拍运镜:
记录你的潮酷时刻

人像街拍运镜的首要特点是极具时尚感和动感。人像街拍
运镜实战中,在视频拍摄方面,可以选择组合多种运镜方法;
在场景方面,可以选择干净、整洁、有特色的街道;在模特方
面,可以让模特穿着潮酷服装,佩戴潮酷配饰,比如墨镜、包
包、围巾等,提升时尚感!

8.1 拍摄要点提炼

街拍运镜，需要掌握一定的运镜技巧，才能拍摄出炫酷的大片。本节为大家介绍如何合理利用场景、道具和服装，以及如何选择合适的角度，拍摄街拍视频。

8.1.1 合理利用场景、道具和服装

街拍视频，看起来很简单——只要有街，就能拍，但想要拍出炫酷感和大片感，没那么容易。下面介绍如何合理利用场景、道具和服装为视频加分。

1．场景

可以用来街拍的场景很多，但是不能乱选，因为街道背景是复杂的，不仅有熙熙攘攘的人群，还有很多商店、摊位、公共设施，这些都是"干扰物"，会影响视频的拍摄质量。

那么，应该如何选择场景呢？一是尽量避开节假日，降低游人激增的负面影响；二是尽量前往人少的场景进行拍摄；三是尽量避开电线杆、石墩子、垃圾桶等有碍画面的公共设施；四是尽量选择有引导线或者有对称感的场景，让画面具有纵深感和层次感，如图 8-1、图 8-2 所示。

图 8-1   图 8-2

如果在拍摄过程中发现地面有垃圾，建议立刻清理，如果清理不了，最好选择换拍摄场景，不然后期很难处理。不建议在马路上进行街拍，因为来往的车辆很多，非常危险，而且有可能影响他人出行，最好选择在封闭路段进行拍摄。

2．道具

大部分街拍视频看起来千篇一律，主要是因为没有吸睛的道具。可以为街拍视频加分的道具很多，选择最适合的，那就是你的最佳单品。

街拍时，可以选择自行车、行李箱等道具进行互动，因为人物有东西可以拿或握时，身体状态会更加自然，进而摆出一些加分的姿势。宠物也是时尚单品之一，如图 8-3 所示，与狗狗一起拍大片，画面自然且生活化。

图 8-3

除了以上道具，咖啡、滑板等物品也可以用于辅助拍摄街拍视频，让视频内容更加丰富多彩。

3．服装

对于街拍视频来说，人物所穿服装不能太普通，不然难以吸睛。人物可以穿色彩丰富且鲜艳的衣服，让画面更具冲击力。比如，穿着粉色的裤子在灰色的街道上行走，会非常亮眼，如图 8-4 所示。

图 8-4

在穿戴方面，人物可以选择背着背包，或戴着帽子、墨镜、围巾、丝巾等物品，让视频画面更具时尚感。

8.1.2 多尝试低角度、广角拍摄

街拍的场景通常比较宽广，选择拍摄角度时，拍摄者可以多尝试低角度、广角拍摄，让视频更有新意，且容纳更多的画面内容。

1．低角度拍摄

日常拍摄中，大多数人习惯使用平拍的角度拍视频，很容易让视频画面显得平庸。为了让视频画面不那么中规中矩，拍摄者可以尝试跳出固有思维，改变拍摄角度，让人和景都看起来不那么平凡。

低角度拍摄，即放低相机寻找角度进行拍摄。拍摄者可以弯腰拍摄、下蹲拍摄，也可以倒拿手机稳

定器进行低角度拍摄，这样拍摄出来的画面会呈现不一样的效果，如图 8-5、图 8-6 所示。

图 8-5　　　　　　　　　　　　　　　　　　　图 8-6

低角度拍摄也叫"蚂蚁视角"拍摄，用这种新鲜、有趣的角度拍摄出的画面对观众来说更具吸引力。当拍摄者找不到灵感、无法拍出理想的视频画面时，可以尝试放低角度，用新奇的画面让视频更加出众。

2. 广角拍摄

广角拍摄具有视角广、景深大的特点，能够拍出场景开阔、透视感强的视觉效果，如图 8-7、图 8-8 所示。

图 8-7　　　　　　　　　　　　　　　　　　　图 8-8

在街拍视频拍摄中，使用广角镜头进行小幅仰视拍摄，不仅可以把人物拍得瘦长、高大，还可以展现建筑、风景等的恢宏气势。

需要注意的是，广角拍摄时，要考虑画面中不同元素的分布，避免出现杂乱无章的情况。由于广角画面的四周是畸变的，近距离拍摄人物时，尽量不要把人物放在画面的边角位置，即最好让其居中成像，以防止画面失真。

部分型号的手机是没有广角模式的，不过可以通过远距离拍摄拍出广角效果，因为镜头离拍摄对象越远，拍摄范围越广。

8.2　人像街拍运镜技巧

人像街拍视频怎么拍？本节带大家进行实战演练，用效果教学，讲解拍摄技巧。下面为大家拆分镜头，讲解具体的运镜技巧。

8.2.1 镜头1：前推旋转运镜

效果展示 在有引导线且透视感强烈的街拍场景中，用前推旋转镜头进行拍摄，不仅可以展示人物的出场过程，还可以全方位地展示人物和环境，让画面极具动感。实拍效果如图 8-9 至图 8-12 所示。

图 8-9

图 8-10

图 8-11

图 8-12

运镜拆解 下面对运镜拍摄过程做详细的介绍。

步骤 1 拍摄者在远处拍摄人物的正面，如图 8-13 所示。

步骤 2 人物前行时，拍摄者向前推进镜头，如图 8-14 所示。

步骤 3 镜头在前推的同时进行顺时针旋转，如图 8-15 所示。

步骤 4 镜头前推旋转到一定的角度时，人物与拍摄者擦肩而过，如图 8-16 所示。

图 8-13

图 8-14

图 8-15

图 8-16

8.2.2　镜头2：上升运镜

效果展示　上升运镜适合用在垂直面上有变化的场景中。拍摄人物时，上升镜头可以由低角度升高，从人物的下半身到上半身，慢慢地展现人物的面部。实拍效果如图 8-17、图 8-18 所示。

图 8-17

图 8-18

运镜拆解　下面对运镜拍摄过程做详细的介绍。

步骤 1　人物固定位置，拍摄者在人物的侧面，低角度拍摄人物的下半身，如图 8-19 所示。

步骤 2　拍摄者慢慢升高手机镜头，拍摄到人物的上半身，如图 8-20 所示。

步骤 3　镜头继续升高，拍摄人物的全身，如图 8-21 所示。

步骤 4　镜头继续升高至一定的高度，让人物的头处于画面中心，如图 8-22 所示。

图 8-19

图 8-20

图 8-21

图 8-22

8.2.3　镜头3：下降后跟运镜

效果展示　下降后跟运镜拍摄需要拍摄现场的高处和低处都有不错的环境或者主体，这样起幅画面和落幅画面才都有特色。拍摄者需要先评估现场环境，再选择运镜方法。实拍效果如图 8-23、图 8-24 所示。

图 8-23

图 8-24

运镜拆解 下面对运镜拍摄过程做详细的介绍。

步骤 1 拍摄者在人物背后举高手机，拍摄高处的特色招牌，如图 8-25 所示。

步骤 2 随着人物前行，镜头逐步下降至一定的高度，如图 8-26 所示。

步骤 3 拍摄者下降镜头之后，在人物背后进行跟随拍摄，如图 8-27 所示。

步骤 4 拍摄者在人物背后跟随拍摄一段距离，在跟随拍摄的过程中展示人物周围的环境，让画面具有代入感，如图 8-28 所示。

图 8-25

图 8-26

图 8-27

图 8-28

8.2.4 镜头4：前推跟摇运镜

效果展示 前推跟摇运镜拍摄能让画面始终以人物为中心，让焦点始终在人物身上，多角度展示人物。实拍效果如图 8-29、图 8-30 所示。

图 8-29

图 8-30

运镜拆解 下面对运镜拍摄过程做详细的介绍。

步骤 1 在人物前行的时候，拍摄者在远处拍摄人物的正面，如图 8-31 所示。

步骤 2 镜头向人物所在的位置推进，并偏向人物的斜侧面，如图 8-32 所示。

步骤 3 人物路过拍摄者的时候，镜头跟摇拍摄人物的侧面，如图 8-33 所示。

步骤 4 人物继续前行，镜头跟摇拍摄人物的背影，展示另一个角度的场景及画面，如图 8-34 所示。

图 8-31   图 8-32   图 8-33   图 8-34

8.2.5 镜头5：上升跟随运镜

效果展示 上升跟随运镜，即拍摄者在跟随拍摄人物的同时升高镜头，让画面高度发生变化，让观众获得多种视角的体验。实拍效果如图 8-35、图 8-36 所示。

图 8-35   图 8-36

运镜拆解 下面对运镜拍摄过程做详细的介绍。

步骤 1 在人物前行的时候，拍摄者在人物的背后低角度拍摄，如图 8-37 所示。

步骤 2 随着人物前行，拍摄者慢慢升高镜头，如图 8-38 所示。

步骤 3 拍摄者在升高镜头的过程中跟随人物前行，如图 8-39 所示。

步骤 4 拍摄者跟随人物前行的同时，镜头升高至一定的高度，拍摄人物前方的街景，如图 8-40 所示。

| 图 8-37 | 图 8-38 | 图 8-39 | 图 8-40 |

8.2.6 镜头6：后拉左摇运镜

效果展示 后拉左摇运镜，即在镜头慢慢远离拍摄对象的时候向左摇镜头，画面由手部特写切换为人物上半身近景，展现人物的远眺状态，营造大片感。实拍效果如图 8-41、图 8-42 所示。

| 图 8-41 | 图 8-42 |

运镜拆解 下面对运镜拍摄过程做详细的介绍。

步骤 1 人物的左手摸着石台，拍摄者靠近拍摄人物的左手，如图 8-43 所示。

步骤 2 拍摄者后拉镜头，远离人物的左手，如图 8-44 所示。

步骤 3 人物放下左手，向右侧转头的同时扶墨镜，拍摄者后拉镜头并向左摇镜头，如图 8-45 所示。

步骤 4 拍摄者持续向左摇镜头，仰视拍摄远眺状态的人物，如图 8-46 所示。

| 图 8-43 | 图 8-44 | 图 8-45 | 图 8-46 |

8.2.7 镜头7：上升环绕运镜

效果展示 上升环绕运镜，即让镜头在上升的同时环绕拍摄，从人物的一侧环绕到另一侧，多方位展示人物与街拍环境。实拍效果如图 8-47、图 8-48 所示。

图 8-47　　　　　　　　　　　　　　　　　图 8-48

运镜拆解 下面对运镜拍摄过程做详细的介绍。

步骤 1 拍摄者放低手机，低角度拍摄没有人物的阶梯画面，如图 8-49 所示。

步骤 2 人物从阶梯下方进入画面，镜头逐渐上升并向左环绕，如图 8-50 所示。

步骤 3 在人物爬阶梯的时候，镜头继续上升并向左环绕，如图 8-51 所示。

步骤 4 镜头上升并向左环绕到一定的位置，拍摄人物朝城堡前进的画面，如图 8-52 所示。

图 8-49　　　　　　图 8-50　　　　　　图 8-51　　　　　　图 8-52

8.2.8 镜头8：背景变焦运镜

效果展示 背景变焦运镜，即人物位置不变，对背景进行动态变焦拍摄，从而拍摄出具有空间压缩感的画面。实拍效果如图 8-53、图 8-54 所示。

图 8-53   图 8-54

拍摄指导 下面对拍摄过程做详细的介绍。

步骤 1 进入 DJI Mimo 软件的拍摄模式，❶切换至"动态变焦"模式；❷默认选择"背景靠近"拍摄效果；❸点击"完成"按钮，如图 8-55 所示。

步骤 2 ❶框选人像；❷点击拍摄按钮，如图 8-56 所示。拍摄时，人物位置不变，拍摄者慢慢后退，远离人物。

步骤 3 拍摄完成后，显示合成进度，如图 8-57 所示。视频合成耗时较久，需要耐心等候，注意不要离开该界面，不然会合成失败。

步骤 4 视频合成成功后，点击界面左下角的回放按钮▶，如图 8-58 所示，即可在相册中查看合成好的视频。

图 8-55   图 8-56   图 8-57   图 8-58

第 9 章　人像服装运镜：
这样拍更有高级感

相较于服装图文，服装视频可以更全面地向买家展示服装的外形、特点和细节，让买家更深入地了解服装。优秀的人像服装视频，可以高效地提升服装商品的销量。本章为大家介绍应该如何运镜拍摄和制作人像服装视频，打造高级感，帮助有需求的用户提升销量和利润。

9.1 拍摄要点提炼

在流量时代，短视频带货是非常受欢迎的。如何拍摄才能让视频作品脱颖而出呢？本节为大家介绍人像服装视频的运镜拍摄要点，帮助大家梳理思路。

9.1.1 确定主题与检查服装

拍摄人像服装视频之前，需要确定主题、检查服装。主题是无穷的，服装是多样的，下面介绍相关技巧。

1. 确定主题

不同风格的服装对应不同风格的拍摄主题，对商家而言，品牌调性的不同也会导致所需要的视频各有特点。拍摄人像服装视频，一定要结合自己品牌的特点和定位确定拍摄主题。

在短视频平台上，受欢迎的人像服装视频的风格并不是千篇一律的，而是百花齐放的，下面为大家简单介绍常见的主题类型。

①穿搭教学类。这个主题是最为常见的主题之一，以分享穿搭法则、规避踩雷着装等为主要内容，如图 9-1 所示。在拍摄方面，穿搭教学类视频多使用固定镜头拍摄。

②摆拍类。这类主题视频看似是在随机拍摄街边的行人，其实重点是展示人物的着装，带动销量。摆拍类视频一般以模特走路、跳舞等活动画面为主要画面，多角度地展示模特身上的服装，部分摆拍类视频账号的主页如图 9-2、图 9-3 所示。

③ Vlog 类。这类主题视频看似是在分享生活，其实展示的很多服装有广告性质，如图 9-4、图 9-5 所示。这种广告方式可以削弱观众的反感情绪，更容易被目标消费者接受。

有效穿搭 vs. 无效穿搭！夏天显瘦的终极配方就在这～快看…

20秒穿搭网课浅浅安排一下！快艾特你的好兄弟一起变帅…

图 9-1

图 9-2   图 9-3

图 9-4 图 9-5

④主图视频类。这类主题视频在电商平台的商品展示页中比较常见，通过独特的排版、设计和模特展示，服装的细节和穿搭效果会一览无遗，如图 9-6、图 9-7 所示。这类主题服装视频对拍摄时的构图、光线要求比较高，对模特的要求也比较高，是一种比较正式的服装广告。本章人像服装视频的拍摄实例就属于这类主题。

图 9-6 图 9-7

2．检查服装

拍摄之前，拍摄者需要对服装有一个基本的检查，防止在拍摄的过程中出现服装破损或者缺少服装的情况。下面对服装检查流程加以介绍。

①检查衣服、裤子、鞋等服装、鞋品的尺码是不是模特所需要的。

②检查服装的数量，以免服装不够齐全，影响拍摄。

③检查服装的吊牌、线头是否已经被剪掉。

④检查服装正面、背面有无褶皱，即是否熨烫平整。

⑤检查配饰、道具是否准备齐全。

除了以上流程，在拍摄的过程中，还可能有突发事件，建议大家多准备几套服装，以备不时之需。

9.1.2 场景选择

拍摄视频的场景，有室内和户外的区别。如何选择合适的场景呢？下面进行详细的讲解。

1. 室内

在室内拍摄，需要搭建场景，并根据服装风格选择合适的道具。在室内拍摄时，使用合适的光线是非常重要的，拍摄者可以通过打光营造理想的氛围。比如，在室内拍摄家居服的人像服装视频时，理想的拍摄环境如图 9-8、图 9-9 所示。

图 9-8   图 9-9

室内拍摄时需要注意，所选场景不要过于杂乱，否则会影响视频的拍摄质量。

2. 户外

相比于室内拍摄，户外拍摄时，空间更加广阔，模特能够与大自然有更亲密的接触和互动。帮助模特融入自然，有时会有意想不到的拍摄效果。

在户外拍摄时，不同的场景对服装有不同的要求。比如，在紫色的马鞭草花海中拍摄视频，需要模特穿着浅色系服装，这样，画面既和谐，又有美感，如图 9-10、图 9-11 所示。

图 9-10   图 9-11

　　春夏季节，可以选择花海、草地等场景拍摄视频；秋季，可以选择银杏树林、枫树林等场景拍摄视频；冬季，可以选择在雪中拍摄视频。在不同的季节选择不同的代表性场景，不仅应景、为人像服装视频的画面加分，而且让服装完美应季、提升需求量。

9.1.3 模特要求

　　因为服装需要被模特穿在身上进行展示，所以拍摄人像服装视频对模特有一定的要求。下面进行详细的介绍。

1．类型要求

　　拍摄不同类型的人像服装视频，对模特有不同的要求，比如，童装需要儿童作为模特，男装需要男生作为模特，女装则需要女生作为模特；甜美风的服装需要可爱的女生作为模特，运动风的服装需要有肌肉感、力量感的模特，旗袍等服装则需要有气质的模特，如图 9-12、图 9-13 所示。根据服装类型选择合适的模特，才能保证人像服装视频合情、合理、有吸引力。

图 9-12　　　　　　　　　　　　　图 9-13

2．姿势要求

　　拍摄人像服装视频时，模特不能呆坐、呆立，需要摆出一定的造型、姿势，让视频画面更加自然，以便更好地展示服装。

　　虽然摆姿势是模特的工作，但在实际拍摄过程中，拍摄者最好主动提供相应的指导，帮助模特摆出合理的姿势，以便高效传递视频内容。下面介绍摆姿势的技巧。

　　①脚部。脚部姿势非常重要，拍摄全身画面时，如果模特的脚没有摆好，画面很容易显得不自然。在大多数情况下，前脚应该正对镜头，后脚则稍有方向上的偏转，这样能让模特看起来更苗条。如果双脚同时正对镜头，会显得有攻击性。

　　②腿部和臀部。腿部和臀部可以处于放松的状态，视频画面会更自然。

　　③手部。手部是最难处理的身体部位之一，因为它很容易"抢戏"。在实际拍摄过程中，一般以模特的脸为画面焦点，模特的手可以放在暗处。为了让模特看起来更瘦，其肩部和手部可以尽量侧对镜头。当

手处于腰部以上的位置时，可以把手端起来，显得优雅一些；当手处于腰部以下的位置时，可以让双手自然放松，下垂。此外，可以把后四指放进口袋，只露出大拇指。切记，不要握紧拳头，否则会显得人很凶。

④身体。身体尽量不要正对镜头，否则不仅容易显得人很宽，还容易突出身体缺点，比如高低肩。拍摄过程中，模特的身体可以侧对镜头，并让远离镜头一侧的肩部下沉一些，这样会显得更自然。注意，模特千万不能有耸肩膀、驼背等不良体态，否则画面会显得不太美观。

⑤头部。拍摄过程中，模特的头可以微微倾斜一些，七分面会让模特的脸看起来较小（如果模特过瘦，不要摆这样的姿势）。头部上仰的姿势，会显得模特很可爱；低头的姿势，则会让模特显得很友善，注意，这两个姿势更适合幼态脸模特。

⑥眼睛。眼睛非常重要，眼神处理得当，视频画面会更有氛围感。拍摄过程中，模特可以通过做出收下巴的动作，让眼睛显得大一些，注意，收下巴时，五官要相互配合。拍摄时，模特的眼睛可以与镜头互动，也可以忽略镜头，看向其他地方，不管看向哪里，最好带有一定的情绪，比如喜悦、无聊、烦恼等，画面会更加自然。拍摄时，模特可以在不经意间回头看向镜头，打造抓拍感，也可以眼眸低垂，营造温柔感。模特实在不知道应该看向哪里时，可以低垂眼眸或闭眼，拍出来的画面也可能唯美又自然，如图 9-14、图 9-15 所示。

图 9-14

图 9-15

拍摄时，拍摄者需要注意尽量隐藏模特的缺点。比如，模特有些秃顶，可以选择仰拍；模特脸上的皱纹比较多，可以选择顺光拍摄；模特偏胖，有双下巴，可以让模特微仰头，或者侧对镜头。

总之，拍摄者要记住，自然感很重要，千万不能让模特摆出生硬又别扭的姿势，那样画面会显得很奇怪。拍摄者需要做好带动模特情绪的工作，才能实现双赢。

9.1.4 参数设置

本章用作实例的视频主要是用微单相机和手机拍摄的，下面介绍基本的参数设置。

1. 微单相机的参数

拍摄本章实例视频时使用的微单相机的型号为佳能 M6，镜头光圈为 F/1.8，相机挡位设置为 Av 挡（光圈优先挡位），ISO（感光度）为 100，快门速度为自动调节，如图 9-16、图 9-17 所示。

图 9-16

图 9-17

在户外拍摄视频的时候，建议把相机设置为光圈优先模式，这样，画面的进光量会增加，阴天拍摄出来的视频画面会更清晰。

2．手机的参数

使用手机拍摄本章实例视频时，❶点击 "0.5x" 按钮，开启广角模式；❷设置曝光参数为 0.7，提亮画面，如图 9-18 所示。

使用手机进行拍摄，可以酌情补充镜头，尤其是补充广角镜头。

图 9-18

9.2 人像服装视频的拍摄与后期制作

本次用作实例的人像服装视频属于主图视频，主要呈现模特穿着休闲服装的画面。拍摄场景在户外，模特为 20 多岁的女生，用微单相机和手机进行拍摄后，进行简单的后期制作，可以让成品视频的画面更具高级感。

9.2.1 拍摄实战

拍摄人像服装视频时，需要特别注意构图、光线、景别和模特的姿势，以便让视频画面具有高级感。下面分镜头讲解拍摄技巧。

1．镜头1：模特横坐在长凳上

选择居中构图的方式，在自然光线下，拍摄模特横坐在长凳上的侧影。景别为全景，需要模特进入享受的状态，如图 9-19、图 9-20 所示。

图 9-19   图 9-20

2．镜头2：模特行走

模特在草地上行走，拍摄者在模特身后拍摄，景别为中景，主要展示服装上身后的背面效果，如图 9-21、图 9-22 所示。

图 9-21   图 9-22

3．镜头3：模特转头看镜头

拍摄者在模特的斜侧面微微仰视拍摄，景别为近景。模特渐渐回头，主要展示上衣的上身效果，如图 9-23、图 9-24 所示。

图 9-23　　　　　　　　　　　　　　　　图 9-24

4．镜头4：模特靠在单车上

拍摄者在单车的正前方，模特靠在单车上，侧对镜头。景别为全景，构图方式为引导线构图，如图 9-25、图 9-26 所示。

图 9-25　　　　　　　　　　　　　　　　图 9-26

5．镜头5：模特抬头

模特由低头坐着的姿势慢慢变化为抬头的姿势，拍摄者俯视拍摄模特。景别为近景，展示上衣的布料细节，如图 9-27、图 9-28 所示。

图 9-27   图 9-28

6．镜头6：模特插兜

拍摄者在模特的斜侧面，放低镜头，拍摄牛仔裤的特写。这时，模特的手可以慢慢插兜，如图 9-29、图 9-30 所示。

图 9-29   图 9-30

7. 镜头7：模特蹲在高处

模特蹲在高处，手掌先推向镜头，再慢慢从镜头前移开。拍摄者仰视拍摄模特，景别为全景，展示裤子裤腿的细节、裤子的弹性和舒适度，如图 9-31、图 9-32 所示。

图 9-31　　　　　　　　　　　　　图 9-32

9.2.2 视频制作

效果展示 如何将分镜头组合成完整又精美的视频？下面介绍一种高效又简单的视频制作方法，需要使用手机中的剪映 App。视频效果如图 9-33 至图 9-35 所示。

图 9-33　　　　　　　　　图 9-34　　　　　　　　　图 9-35

下面介绍具体的操作方法。

步骤 1 在手机中下载并安装剪映 App，完成后点击剪映图标，如图 9-36 所示。

步骤 2 ❶点击"剪同款"按钮，进入"剪同款"界面；❷点击搜索栏，如图 9-37 所示。

步骤 3 ❶输入并搜索"服装"；❷在搜索结果中选择满意的模板，如图 9-38 所示。

图 9-36   图 9-37   图 9-38

步骤 4 进入视频播放界面，点击右下角的"剪同款"按钮，如图 9-39 所示。

步骤 5 ❶在"视频"选项区中依次选择 7 段分镜头视频；❷选择第 1 段视频，点击"编辑"按钮，如图 9-40 所示。

步骤 6 ❶调整画面的位置；❷点击"确认"按钮，如图 9-41 所示。进入新的界面后，点击"下一步"按钮。

图 9-39   图 9-40   图 9-41

步骤 7 进入效果预览界面，点击"编辑更多"按钮，如图 9-42 所示。

步骤 8 进入视频编辑界面，点击"文本"按钮后，❶选择英文字幕；❷点击"编辑"按钮，如图 9-43 所示。

步骤 9 更改英文品牌的名称（此处为虚拟品牌）和错别字，并调整字幕在画面中的位置，如图 9-44 所示。

步骤 10 ❶对其他字幕进行相应的更改和位置调整；❷点击"导出"按钮，如图 9-45 所示，导出视频。

图 9-42

图 9-43

图 9-44

图 9-45

第 10 章　人像航拍运镜：
呈现更大的视野空间

　　无人机不仅可以用来航拍自然风光，呈现更大的视野空间，还可以用来航拍人像，拍摄出角度独特的人像视频。一段优秀的航拍人像视频，在拍摄过程中受多个因素的影响，拍摄者要先掌握拍摄要点，再进行实战。本章为大家详细介绍人像航拍运镜的技巧，帮助大家拍出精彩大片。

10.1　拍摄要点提炼

无人机不同于手机，拍摄时，需要掌握一定的拍摄技巧，才能更好地让模特与环境相呼应，拍摄出优质的人像航拍视频。本节介绍无人机拍摄的要点。

10.1.1　选择环境与服装

航拍画面中，模特比较小，所以拍摄环境不能过于复杂，不然很容易拍摄到杂乱的画面，甚至丢失拍摄对象。

航拍时，最好选择大海、操场、沙滩、草地等环境，因为这些环境更能凸显模特。一些具有线条感的环境也不错，利用好了很容易出片，比如篮球场、跑道等环境。

服装也是影响航拍人像视频效果的因素之一，尤其是服装的颜色。如果模特穿着绿色的裙子站在绿色的草地上，那么无人机升高拍摄时，模特很容易与环境融为一体，导致拍出的人像视频没有什么意义。

为了让模特更加醒目，拍摄者可以精心挑选模特服装的颜色，与环境颜色形成对比。比如，在绿色场景中，让模特穿黄色或者红色的衣服，如图 10-1 所示，这样模特就会非常突出。

图 10-1

10.1.2 注意构图和模特的姿势

　　航拍人像视频的时候，画面构图非常重要。优秀的画面构图既能为视频加分，又能展示环境与模特的关系，高效传递情感。

　　航拍人像视频时，常用的构图方式有三分法构图、二分法构图、中心构图、前景构图、斜线构图、对称式构图、对比构图、曲线构图等。

　　使用前景构图和斜线构图方式拍摄的视频画面如图 10-2 所示，以草丛为前景，模特站在水陆分界斜线的一边。使用曲线构图方式拍摄的视频画面如图 10-3 所示，弯弯曲曲的石桥构成了一条曲线，模特位于曲线的一端，画面具有延伸感。

图 10-2

图 10-3

　　航拍模特的时候，模特需要配合镜头摆出合适的姿势或做出合适的动作，让画面看起来合理、自然。比如，模特可以面向无人机打招呼，使画面有互动感，如图 10-4 所示。

图 10-4

10.2 人像航拍运镜技巧

航拍人像视频时，拍摄者可以降低无人机的高度，以便拍出清晰的人像画面。本次拍摄使用大疆 Mavic 3 Pro 无人机，本节介绍具体的人像航拍运镜技巧。

10.2.1 镜头1：跟随下摇运镜

效果展示 模特出场时，无人机在模特的身后跟随拍摄模特。跟随拍摄过程中，云台相机往下摇，俯拍模特，让模特处于画面中心，实拍效果如图 10-5、图 10-6 所示。

图 10-5　　　　　　　　　　　　　　　　图 10-6

运镜技巧 模特前行时，拍摄者右手向前推动右摇杆，操作无人机跟随拍摄模特。与此同时，拍摄者向左拨动云台俯仰拨轮，操作云台相机向下摇，俯拍模特，如图 10-7、图 10-8 所示。

图 10-7　　　　　　　　　　　　　　　　图 10-8

10.2.2 镜头2：俯拍旋转运镜

效果展示 模特躺在草地上，无人机在模特的正上方，云台相机垂直 90°朝下，旋转拍摄模特，画面充满动感，实拍效果如图 10-9、图 10-10 所示。

图 10-9

图 10-10

运镜技巧 拍摄者向左拨动云台俯仰拨轮，操作云台相机 90°朝下，居中拍摄模特。与此同时，拍摄者左手向左推动左摇杆，操作无人机进行逆时针旋转拍摄，如图 10-11、图 10-12 所示。

图 10-11

图 10-12

10.2.3 镜头3：左摇运镜

效果展示 模特向左行走时，拍摄者操作无人机向左摇相机镜头，跟摇拍摄模特，实拍效果如图 10-13、图 10-14 所示。

图 10-13

图 10-14

运镜技巧 模特向左行走时，拍摄者向左推动左摇杆，操作无人机向左摇相机镜头，锁定拍摄模特，如图 10-15、图 10-16 所示。

图 10-15 图 10-16

10.2.4 镜头4：上升下摇运镜

效果展示 模特站在水边时，拍摄者操作无人机在模特身后渐渐上升，上升的同时下摇镜头，俯拍模特，多角度地展示模特与环境，实拍效果如图 10-17、图 10-18 所示。

图 10-17 图 10-18

运镜技巧 拍摄者向前推动左摇杆，操作无人机渐渐上升。在推杆的同时，拍摄者向左拨动云台俯仰拨轮，操作云台相机向下摇，俯拍模特，如图 10-19、图 10-20 所示。

图 10-19 图 10-20

10.2.5 镜头5：左移运镜

效果展示 模特坐在岸边，无人机在模特的身后慢慢向左飞行，让模特渐渐处于画面中心，实拍效果如图 10-21、图 10-22 所示。

图 10-21   图 10-22

> **运镜技巧** 无人机在模特身后的右侧位置，拍摄者向左推动右摇杆，操作无人机向左飞行，左移拍摄模特，如图 10-23、图 10-24 所示。

图 10-23   图 10-24

10.2.6 镜头6：环绕运镜

> **效果展示** 使用无人机，可以进行环绕运镜拍摄。环绕运镜拍摄模特，可以多角度地展示模特与环境，实拍效果如图 10-25、图 10-26 所示。

图 10-25   图 10-26

> **运镜技巧** 以模特为环绕中心，拍摄者左手向右推动左摇杆，右手向左推动右摇杆，操作无人机环绕模特进行顺时针环绕拍摄，如图 10-27、图 10-28 所示。

图 10-27   图 10-28

10.2.7 镜头7：下摇运镜

 在模特前行时，无人机镜头逐渐向下俯拍，直至拍摄模特全景，实拍效果如图 10-29、图 10-30 所示。

图 10-29   图 10-30

运镜技巧 在模特前行时，无人机悬停在模特身后，拍摄者向左拨动云台俯仰拨轮，操作云台相机慢慢向下摇，俯拍前行的模特，如图 10-31、图 10-32 所示。

图 10-31   图 10-32

10.2.8 镜头8：前进运镜

效果展示 在模特前行时，拍摄者操作无人机从模特的身后慢速前进，越过模特，展示模特前方的风景，实拍效果如图 10-33、图 10-34 所示。

图 10-33   图 10-34

运镜技巧　在模特前行时，拍摄者向前推动右摇杆，操作无人机前进飞行一段距离，如图 10-35、图 10-36 所示。

图 10-35   图 10-36

后期美颜篇

第 11 章 初步后期:
画面 + 声音调整

无论是风景视频,还是人像视频,进行后期处理时,最基础的操作是画面调整和声音调整。本章以剪映 App 为主要后期处理软件,介绍如何为人像视频进行后期处理,包括剪辑时长与编辑画面、变速补帧与防抖处理、关闭原声并添加背景音乐、录制配音并进行变声处理等操作,帮助大家优化视频作品。

11.1 画面调整

人像视频后期处理的第一步是对画面进行基本的调整，使其看起来更美观。本节介绍一些基本的视频画面调整操作，希望大家可以熟练掌握。

11.1.1 剪辑时长与编辑画面

效果展示 在剪映 App 中导入素材之后，不仅可以剪辑时长、删除不需要的片段、编辑画面，还可以进行旋转、镜像、裁剪等处理，效果如图 11-1、图 11-2 所示。

图 11-1

图 11-2

操作步骤 下面介绍具体的操作方法。

步骤 1 下载并安装剪映 App 后，点击剪映图标，进入"剪辑"界面。在"剪辑"界面中，点击"开始创作"按钮，如图 11-3 所示。

步骤 2　❶在"照片视频"界面"视频"选项卡中选择视频素材；❷勾选"高清"复选框；❸点击"添加"按钮，如图 11-4 所示，添加视频素材。

步骤 3　❶在编辑界面中选择视频素材；❷拖曳时间轴至视频 2s 的位置；❸点击"分割"按钮，如图 11-5 所示，分割视频素材。

图 11-3　　　　　　图 11-4　　　　　　图 11-5

步骤 4　❶选择分割后的第 1 段视频素材；❷点击"删除"按钮，如图 11-6 所示，删除黑屏画面。

步骤 5　❶选择视频素材；❷点击"编辑"按钮，如图 11-7 所示。

步骤 6　❶连续点击"旋转"按钮两次，矫正画面；❷点击"导出"按钮，如图 11-8 所示，导出视频。

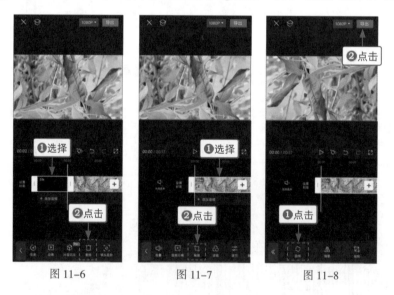

图 11-6　　　　　　图 11-7　　　　　　图 11-8

11.1.2　变速补帧与防抖处理

效果展示　在剪映 App 中，可以对视频进行慢速处理，并使用智能补帧功能，制作慢动作视频。此外，剪映 App 还支持对视频进行防抖处理，让视频画面更稳定，效果如图 11-9、图 11-10 所示。

图 11-9

图 11-10

操作步骤 下面介绍具体的操作方法。

步骤 1 在剪映 App 中导入人像视频素材后，❶选择视频素材；❷点击"变速"按钮，如图 11-11 所示。

步骤 2 在弹出的二级工具栏中点击"常规变速"按钮，如图 11-12 所示。

步骤 3 ❶拖曳滑块，设置"变速"参数为 0.5x；❷勾选"智能补帧"复选框；❸点击 ✓ 按钮，确认操作，如图 11-13 所示。

图 11-11

图 11-12

图 11-13

步骤 4 界面中弹出进度提示，如图 11-14 所示。

步骤 5 稍等片刻，弹出"生成顺滑慢动作成功"提示，如图 11-15 所示。

步骤 6 点击图 11-15 中的《《按钮，返回上一级界面。点击"防抖"按钮，如图 11-16 所示。

图 11-14　　　　　　　图 11-15　　　　　　　图 11-16

步骤 7 ❶在"防抖"设置界面中拖曳滑块，设置防抖程度为"推荐"；❷点击✔按钮，确认操作，如图 11-17 所示。

步骤 8 界面中弹出"防抖处理已完成"提示，如图 11-18 所示。

步骤 9 为视频添加合适的背景音乐（在本章的后续内容中，会介绍添加背景音乐的方法），如图 11-19 所示。

图 11-17　　　　　　　图 11-18　　　　　　　图 11-19

11.1.3 添加滤镜和特效

效果对比 添加滤镜，可以快速为视频调色。为人像视频添加人物特效，可以让人物形象更加酷炫，原图与效果对比如图 11-20、图 11-21 所示。

图 11-20

图 11-21

操作步骤 下面介绍具体的操作方法。

步骤 1 在剪映 App 中导入人像视频素材后，❶选择视频素材；❷点击"滤镜"按钮，如图 11-22 所示。

步骤 2 ❶展开"人像"选项区；❷选择"净透"滤镜，如图 11-23 所示。

步骤 3 ❶切换至"调节"选项卡；❷选择"亮度"选项；❸设置参数为 -6，降低画面曝光度，如图 11-24 所示。

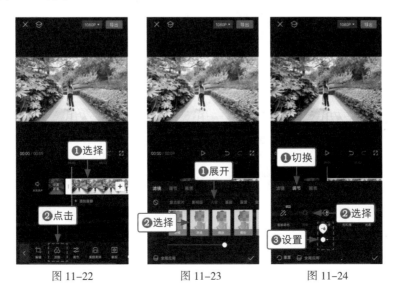

图 11-22　　　　　图 11-23　　　　　图 11-24

步骤 4　①选择"饱和度"选项；②设置参数为 20，让画面的色彩更鲜艳，如图 11-25 所示。

步骤 5　返回主界面，点击"特效"按钮，如图 11-26 所示。

步骤 6　在弹出的二级工具栏中点击"人物特效"按钮，如图 11-27 所示。

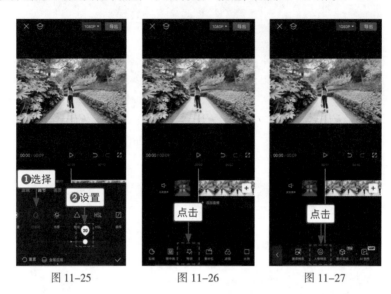

图 11-25　　　　　　　图 11-26　　　　　　　图 11-27

步骤 7　①切换至"身体"选项卡；②选择"流光描边"特效；③点击✅按钮，确认添加特效，
　　　　如图 11-28 所示。

步骤 8　在"流光描边"特效的末尾位置添加人物特效，点击"人物特效"按钮，如图 11-29 所示。

步骤 9　①切换至"环绕"选项卡；②选择"萤火"特效；③点击✅按钮，确认添加特效，如
　　　　图 11-30 所示。

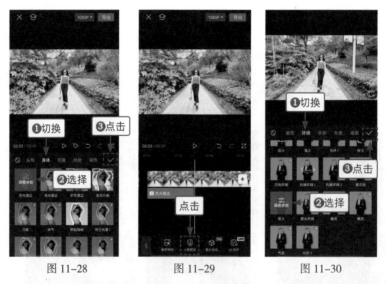

图 11-28　　　　　　　图 11-29　　　　　　　图 11-30

步骤 10　在"萤火"特效的末尾位置添加画面特效，点击"画面特效"按钮，如图 11-31 所示。

步骤 11　①切换至"氛围"选项卡；②选择"浪漫氛围Ⅱ"特效；③点击✅按钮，确认添加特效，
　　　　　如图 11-32 所示。

步骤 12　调整"浪漫氛围Ⅱ"特效的时长，使其结束位置与视频的结束位置一致，如图 11-33 所示。

图 11-31　　　　　　　　　图 11-32　　　　　　　　　图 11-33

11.1.4　添加文字和贴纸

效果展示　在剪映 App 中为视频添加文字和贴纸，不仅可以更好地表现视频主题和内容，还可以让视频画面更有趣，效果如图 11-34、图 11-35 所示。

图 11-34

图 11-35

操作步骤 下面介绍具体的操作方法。

步骤 1 在剪映 App 中导入人像视频素材后，在视频的起始位置添加文字，点击"文字"按钮，如图 11-36 所示。

步骤 2 在弹出的二级工具栏中点击"文字模板"按钮，如图 11-37 所示。

步骤 3 ❶展开"综艺情绪"选项区；❷选择目标文字模板；❸更改文字内容并调整文字的位置，如图 11-38 所示。

步骤 4 点击图 11-38 中的 ✓ 按钮确认操作后，在视频的起始位置添加贴纸，点击"添加贴纸"按钮，如图 11-39 所示。

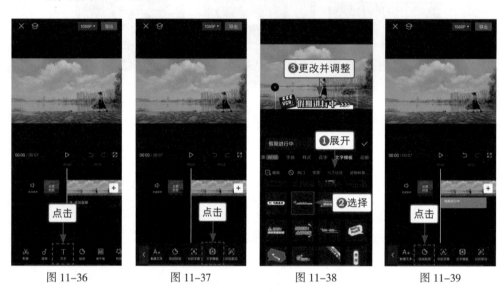

图 11-36　　　　图 11-37　　　　图 11-38　　　　图 11-39

步骤 5 ❶输入并搜索"笑脸"；❷选择目标贴纸；❸调整贴纸的大小和位置，如图 11-40 所示。

步骤 6 ❶调整贴纸的时长，使其与视频的时长一致；❷点击"动画"按钮，如图 11-41 所示。

步骤 7 ❶切换至"循环动画"选项卡；❷选择"雨刷"动画，为贴纸添加合适的动画效果，如图 11-42 所示。

图 11-40　　　　图 11-41　　　　图 11-42

11.2 声音调整

调整视频画面后，需要继续调整视频声音，因为人像视频必须音画一致。调整视频声音，可以让视频在听觉上更具吸引力。本节介绍几种调整视频声音的技巧，比如关闭原声并添加背景音乐、录制配音并进行变声处理、文本朗读识别智能语音等。

11.2.1 关闭原声并添加背景音乐

画面效果展示 拍摄人像视频时，通常会有杂音存在于视频中，后期处理时，需要屏蔽这些杂音。在剪映 App 中，可以关闭原声并添加合适的背景音乐，让视频观看起来更舒适。视频画面效果如图 11-43、图 11-44 所示。

图 11-43

图 11-44

操作步骤 下面介绍具体的操作方法。

步骤 1 在剪映 App 中导入人像视频素材后,点击视频素材左侧的"关闭原声"按钮,如图 11-45 所示,屏蔽杂音。

步骤 2 在视频的起始位置添加音频,点击"音频"按钮,如图 11-46 所示。

步骤 3 在弹出的二级工具栏中点击"音乐"按钮,如图 11-47 所示。

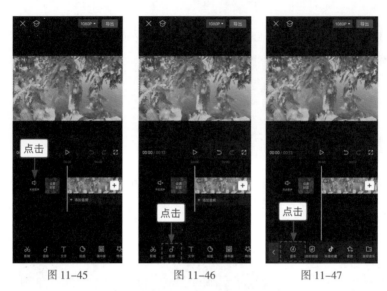

图 11-45   图 11-46   图 11-47

步骤 4 进入"音乐"界面,可以看到各种音乐类型和选项,选择"抖音"选项,如图 11-48 所示。

步骤 5 进入"抖音"界面,❶选择目标音乐进行试听;❷点击目标音乐对应的"使用"按钮,如图 11-49 所示,添加音乐。

步骤 6 ❶选择音频素材;❷拖曳时间轴至视频的结束位置;❸点击"分割"按钮,如图 11-50 所示,分割音频素材。

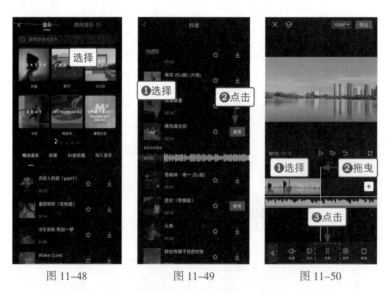

图 11-48   图 11-49   图 11-50

步骤 7 ❶默认选择分割后的第 2 段音频素材;❷点击"删除"按钮,如图 11-51 所示,删除多余的音频素材。

步骤 8 ❶选择音频素材;❷点击"淡化"按钮,如图 11-52 所示。

步骤 9 ❶设置"淡出时长"为 2s；❷点击✔按钮，如图 11-53 所示，让音乐结束得更自然。

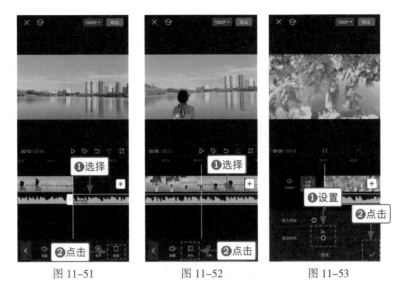

图 11-51 　　　　　　　 图 11-52 　　　　　　　 图 11-53

11.2.2 录制配音并进行变声处理

画面效果展示　使用剪映 App，可以通过录制声音为视频配音。如果不想展示自己的真实声音，可以对音频素材进行变声处理。视频画面效果如图 11-54、图 11-55 所示。

图 11-54

图 11-55

操作步骤 下面介绍具体的操作方法。

步骤 1 在剪映 App 中导入人像视频素材后，在视频的起始位置添加音频，点击"音频"按钮，如图 11-56 所示。

步骤 2 在弹出的二级工具栏中点击"录音"按钮，如图 11-57 所示。

步骤 3 在弹出的面板中长按 按钮，进行录音，如图 11-58 所示。

图 11-56   图 11-57   图 11-58

步骤 4 录音结束后，❶松开 按钮；❷点击"变声"按钮，如图 11-59 所示。

步骤 5 ❶在"变声"面板中选择"女生"选项；❷点击 按钮，确认操作，如图 11-60 所示。

步骤 6 ❶选择视频素材；❷点击"音频分离"按钮，如图 11-61 所示，把背景音乐分离出来。

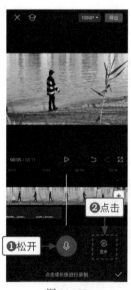  

图 11-59   图 11-60   图 11-61

步骤 7 调整背景音乐素材的时长和轨道位置，使其位于录音素材的后面，如图 11-62 所示。

步骤 8 ❶选择录音素材；❷点击"音量"按钮，如图 11-63 所示。

步骤 9 在"音量"面板中设置参数为 1000，放大音量，如图 11-64 所示。

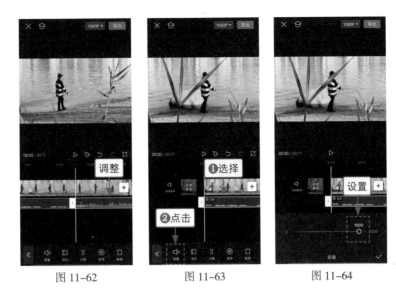

图 11-62   图 11-63   图 11-64

11.2.3 文本朗读识别智能语音

画面效果展示 使用剪映 App，可以轻松地把文字识别成语音，这样就不用专门进行后期配音了，可以快速编辑一段"有声有色"的视频。视频画面效果如图 11-65、图 11-66 所示。

图 11-65

图 11-66

操作步骤 下面介绍具体的操作方法。

步骤 1 在剪映 App 中导入人像视频素材后，在视频的起始位置添加文字，点击"文字"按钮，如图 11-67 所示。

步骤 2 在弹出的二级工具栏中点击"新建文本"按钮，如图 11-68 所示。

步骤 3 ❶输入文案；❷点击 ✓ 按钮，确认操作，如图 11-69 所示。

图 11-67   图 11-68   图 11-69

步骤 4 ❶默认选择文字素材；❷点击"文本朗读"按钮，如图 11-70 所示。

步骤 5 ❶在"热门"选项卡中选择"解说小帅"选项；❷点击 ✓ 按钮，确认操作，如图 11-71 所示。

步骤 6 界面中弹出"音频下载中"提示，如图 11-72 所示。

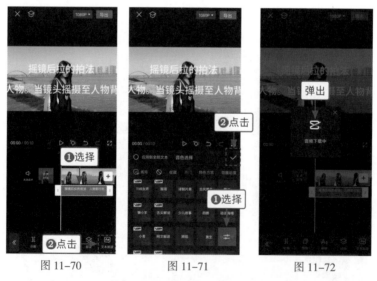

图 11-70   图 11-71   图 11-72

步骤 7 下载成功后，弹出"音频已生成，请到音频模块查看"提示，如图 11-73 所示。

步骤 8 ❶选择文字素材；❷点击"删除"按钮，删除文字素材，如图 11-74 所示。

步骤 9 ❶选择视频素材；❷依次点击"变速"按钮→"常规变速"按钮，如图 11-75 所示。

步骤 10 ❶拖曳滑块，设置"变速"参数为 0.8x；❷勾选"智能补帧"复选框；❸点击 ✓ 按钮，如图 11-76 所示，调整视频的时长，使其与音频的时长一致。

图 11-73

图 11-74

图 11-75

图 11-76

第 12 章 面部精修：
美颜 + 美型 + 美妆

处理人像视频时，常见操作之一是对人物的面部进行精修处理，让人物的脸型和五官更好看。本章介绍如何在剪映 App 中进行人物面部精修，包括美颜处理、美型处理、美妆处理等操作，以及调整人物的肤色、脸型等细节优化操作，帮助大家让人像视频中的人物的面部更漂亮。

12.1 美颜处理

对人像视频中的人物进行美颜处理，需要调整人物肤色、祛法令纹、祛黑眼圈、进行白牙处理等，让人物看起来气色更佳。本节详细介绍这些处理方法。

12.1.1 调整肤色与祛法令纹

效果对比 在剪映 App 中，可以对人物进行调整肤色处理，包括磨皮、匀肤、美白等操作。祛法令纹也是常见的操作之一，可以祛除人物脸上的法令纹。原图与效果对比如图 12-1、图 12-2 所示。

图 12-1

图 12-2

操作步骤 下面介绍具体的操作方法。

步骤 1 在剪映 App 中导入人像视频素材后，❶选择视频素材；❷点击 "美颜美体" 按钮，如图 12-3 所示。

步骤 2　在弹出的二级工具栏中点击"美颜"按钮，如图 12-4 所示。

步骤 3　❶选择"磨皮"选项；❷设置参数为 47，让人物的皮肤看起来更光滑，如图 12-5 所示。

步骤 4　❶选择"美白"选项；❷设置参数为 59，美白人物的皮肤，如图 12-6 所示。

图 12-3　　　　　　图 12-4　　　　　　图 12-5　　　　　　图 12-6

步骤 5　选择"肤色"选项，进入"肤色"面板，❶选择"冷白"选项；❷设置"冷暖"参数为 -14，将皮肤调整为冷白皮，如图 12-7 所示。

步骤 6　❶选择"祛法令纹"选项；❷设置参数为 100，祛除人物的法令纹，如图 12-8 所示。

步骤 7　❶选择"丰盈"选项；❷设置参数为 70，让人物的面部看起来更饱满，如图 12-9 所示。

步骤 8　❶选择"匀肤"选项；❷设置参数为 36，均匀人物的面部肤色，如图 12-10 所示。

图 12-7　　　　　　图 12-8　　　　　　图 12-9　　　　　　图 12-10

　使用"匀肤"功能和"丰盈"功能，需要开通剪映 App 的会员，因为这两个功能属于会员权益。其他 VIP 专属功能也一样，需要开通会员才能使用。

12.1.2 祛黑眼圈与白牙处理

效果对比 在剪映 App 中，可以完成祛除人物脸上的黑眼圈，以及对人物的牙齿进行美白处理等操作，原图与效果对比如图 12-11、图 12-12 所示。

图 12-11

图 12-12

操作步骤 下面介绍具体的操作方法。

步骤 1 在剪映 App 中导入人像视频素材后，❶选择视频素材；❷点击"美颜美体"按钮，如图 12-13 所示。

步骤 2 在弹出的二级工具栏中点击"美颜"按钮，如图 12-14 所示。

步骤 3 ❶选择"祛黑眼圈"选项；❷设置参数为 100，祛除人物脸上的黑眼圈，如图 12-15 所示。

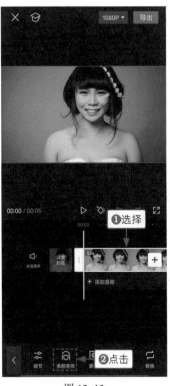
图 12-13

图 12-14

图 12-15

步骤 4 ❶选择"白牙"选项；❷设置参数为 100，让人物的牙齿看起来白一些，如图 12-16 所示。

步骤 5 ❶选择"美白"选项；❷设置参数为 100，调整人物的肤色，让人物显得更漂亮，如图 12-17 所示。

图 12-16

图 12-17

12.2 美型处理

在调整了人物的肤色，并对人物的面部进行了美颜处理后，可以继续调整人物的脸型与五官，让人物的面部更好看。本节主要介绍美型处理技巧，帮助大家更得心应手地优化人像视频。

12.2.1 调整脸型与眼部大小

效果对比 如果人物面部比较大、脸型不流畅，或者上、中、下庭分布不均匀，可以在剪映 App 中进行瘦脸的处理、让脸型变流畅的处理，以及调整眼睛大小的处理，原图与效果对比如图 12-18、图 12-19 所示。

操作步骤 下面介绍具体的操作方法。

步骤 1 在剪映 App 中导入人像视频素材后，❶选择视频素材；❷点击"美颜美体"按钮，如图 12-20 所示。

步骤 2 在弹出的二级工具栏中点击"美颜"按钮，如图 12-21 所示。

图 12-18

图 12-19

步骤 3 ❶切换至"美型"选项卡；❷在"面部"选项区中选择"瘦脸"选项；❸设置参数为 100，将人物的面部调小，如图 12-22 所示。

图 12-20　　　　　　　　　图 12-21　　　　　　　　　图 12-22

步骤 4 ❶选择"下颌骨"选项；❷设置参数为 75，让人物的脸型不那么方，如图 12-23 所示。

步骤 5 ❶选择"流畅脸"选项；❷设置参数为 100，让人物的脸型流畅一些，如图 12-24 所示。

步骤 6 ❶展开"眼部"选项区；❷选择"大眼"选项；❸设置参数为 100，放大人物的双眼，如图 12-25 所示。

图 12-23　　　　　　　　　图 12-24　　　　　　　　　图 12-25

步骤 7 ❶选择"开眼角"选项；❷设置参数为 64，继续放大人物的双眼，如图 12-26 所示。

步骤 8 ❶在"面部"选项区中选择"发际线"选项；❷设置参数为 31，前移发际线，让人物的脸看起来小一些，如图 12-27 所示。

步骤 9 ❶在"面部"选项区中选择"颧骨"选项；❷设置参数为 62，微微内收人物的颧骨，如图 12-28 所示。

图 12-26　　　　　　　　　图 12-27　　　　　　　　　图 12-28

12.2.2 调整鼻子高低与嘴唇形状

效果对比 在剪映 App 中，可以调整人物鼻子的高低、大小和嘴唇的形状，让人物的五官显得更精致，原图与效果对比如图 12-29、图 12-30 所示。

图 12-29　　　　　　　　　　　　　图 12-30

操作步骤 下面介绍具体的操作方法。

步骤 1 在剪映 App 中导入人像视频素材后，❶选择视频素材；❷依次点击"美颜美体"按钮→"美颜"按钮，如图 12-31 所示。

步骤 2 ❶切换至"美型"选项卡；❷展开"鼻子"选项区；❸设置"瘦鼻"参数为 46，让人物的鼻子看起来小一些，如图 12-32 所示。

步骤 3 设置"鼻梁"参数为 17，调整人物鼻梁的高度，如图 12-33 所示。

图 12-31　　　　　　　　　　图 12-32　　　　　　　　　　图 12-33

步骤 **4**　设置"山根"参数为 –15，让人物的山根部分看起来更自然，如图 12-34 所示。

步骤 **5**　设置"鼻大小"参数为 36，继续缩小鼻翼，让人物的鼻子看起来更精致，如图 12-35 所示。

步骤 **6**　❶展开"嘴巴"选项区；❷设置"微笑唇"参数为 50、"嘴大小"参数为 16，让人物的嘴角上扬并微微缩小其嘴唇，部分参数如图 12-36 所示。

步骤 **7**　设置"嘴高低"参数为 –19，微微降低嘴巴的高度，让人物的五官看起来更自然，如图 12-37 所示。

图 12-34　　　　　　图 12-35　　　　　　图 12-36　　　　　　图 12-37

12.2.3　调整眉形与手动精修瘦脸

效果对比　使用剪映 App 中的美型功能，可以调整人物的眉形，调整效果十分自然。此外，大家可以手动精修瘦脸，让人物更漂亮，原图与效果对比如图 12-38、图 12-39 所示。

图 12-38　　　　　　　　　　　图 12-39

操作步骤　下面介绍具体的操作方法。

步骤 1　在剪映 App 中导入人像视频素材后，❶选择视频素材；❷点击"美颜美体"按钮，如图 12-40 所示。

步骤 2　在弹出的二级工具栏中点击"美颜"按钮，如图 12-41 所示。

步骤 3　❶切换至"美型"选项卡；❷展开"眉毛"选项区；❸设置"眉间距"参数为 6，微微拉近人物双眉间的距离，如图 12-42 所示。

步骤 4　设置"眉高低"参数为 24，让人物的眉毛看起来高一些，如图 12-43 所示。

图 12-40　　　　　　　图 12-41　　　　　　　图 12-42　　　　　　　图 12-43

步骤 5　设置"眉峰"参数为 24，让人物的眉尾微微上挑，如图 12-44 所示。

步骤 6　设置"眉倾斜"参数为 24，让眉毛上扬，改变人物的眉形，如图 12-45 所示。

步骤 7　❶切换至"手动精修"选项卡；❷开启"五官保护"；❸设置参数为 20，如图 12-46 所示。

步骤 8　用手指在屏幕上推脸，多次操作，调整人物的脸型，手动精修瘦脸，如图 12-47 所示。

图 12-44

图 12-45

图 12-46

图 12-47

12.3 美妆处理

　　如果人物没有化妆，可以使用剪映 App 中的"一键化妆"功能为人物添加妆容。这一功能已相对成熟，添加的妆容自然又好看。本节介绍选择口红颜色、睫毛风格、眼影类型等美妆处理技巧。

12.3.1 选择套装完成美妆处理

效果对比　在剪映 App 中，有许多美妆套装可选。选择套装进行口红、睫毛、眼影、腮红等美妆处理，可以快速为人物添加精致妆容，原图与效果对比如图 12-48、图 12-49 所示。

图 12-48

图 12-49

下面介绍具体的操作方法。

步骤 1 在剪映 App 中导入人像视频素材后，❶选择视频素材；❷点击"美颜美体"按钮，如图 12-50 所示。

步骤 2 在弹出的二级工具栏中点击"美颜"按钮，如图 12-51 所示。

步骤 3 ❶切换至"美妆"选项卡；❷在"套装"选项区中选择"落日"选项，为人物"化妆"，如图 12-52 所示。

步骤 4 ❶切换至"美型"选项卡；❷在"面部"选项区中设置"瘦脸"参数为 56，让人物的脸部看起来小一些，如图 12-53 所示。

步骤 5 ❶切换至"美颜"选项卡；❷设置"磨皮"参数为 25，让人物的皮肤看起来更光滑，如图 12-54 所示。

图 12-50　　　　　　　　　　图 12-51

图 12-52　　　　　　　图 12-53　　　　　　　图 12-54

12.3.2 选择口红颜色、睫毛风格和眼影类型

效果对比 在剪映 App 中进行美妆处理时，可以选择局部美妆，比如分别选择口红颜色、睫毛风格和眼影类型，让人物的妆容更符合需求，原图与效果对比如图 12-55、图 12-56 所示。

图 12-55　　　　　　　　图 12-56

操作步骤 下面介绍具体的操作方法。

步骤 1　在剪映 App 中导入人像视频素材后，❶选择视频素材；❷点击"美颜美体"按钮，如图 12-57 所示。

步骤 2　在弹出的二级工具栏中点击"美颜"按钮，如图 12-58 所示。

步骤 3　❶切换至"美妆"选项卡；❷展开"口红"选项区；❸选择"元气"选项；❹设置参数为 70，为人物添加口红，如图 12-59 所示。

步骤 4　❶展开"睫毛"选项区；❷选择"网感"选项；❸设置参数为 100，为人物添加假睫毛，如图 12-60 所示。

图 12-57　　　　　　图 12-58　　　　　　图 12-59　　　　　　图 12-60

步骤 5 ❶展开"眼影"选项区；❷选择"少女粉"选项，为人物添加眼影，如图 12-61 所示。

步骤 6 ❶切换至"美颜"选项卡；❷选择"祛法令纹"选项；❸设置参数为 42，祛除人物脸部的法令纹，如图 12-62 所示。

步骤 7 设置"美白"参数为 52，美白人物的皮肤，如图 12-63 所示。

步骤 8 设置"丰盈"参数为 25，让人物的脸部看起来更饱满，如图 12-64 所示。

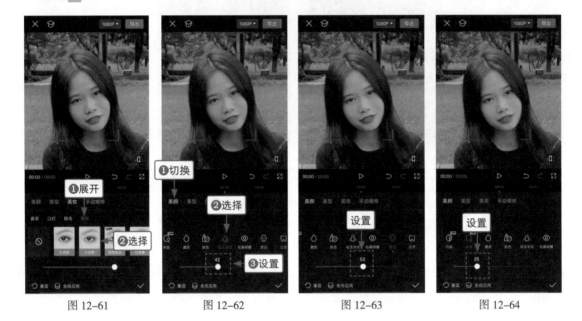

图 12-61   图 12-62   图 12-63   图 12-64

第 13 章　身材塑形：
手动 + 智能美体

　　在第 12 章中，介绍了如何对人像视频中的人物进行面部
精修处理，本章介绍如何调整人物的身材，进行手动美体和智
能美体，比如对人物进行瘦身、瘦腰、增高、瘦手臂等操作，
让人物的身材更完美，让人像视频的效果更佳。学会这些操
作，可以进一步提升人像视频后期处理水平。

13.1 手动美体

剪映中的"手动美体"选项卡中有拉长、瘦身瘦腿、放大缩小等功能选项，每个功能有不同的用处，本节介绍用这些功能为视频中的人物进行塑形的操作方法。

13.1.1 为人物增高

效果对比 使用拉长功能，可以为人物增高，原图与效果对比如图 13-1、图 13-2 所示。

图 13-1

图 13-2

操作步骤 下面介绍具体的操作方法。

步骤 1 在剪映 App 中导入人像视频素材后，❶选择视频素材；❷点击"美颜美体"按钮，如图 13-3 所示。

步骤 2 在弹出的二级工具栏中点击"美体"按钮，如图 13-4 所示。

步骤 3 ❶切换至"手动美体"选项卡；❷选择"拉长"选项；❸拖曳 ↕ 按钮，调整要拉长的区域，如图 13-5 所示。

步骤 4 向右拖曳滑块，设置参数为 50，拉长腿部，为人物增高，如图 13-6 所示。

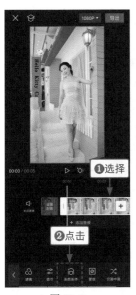

图 13-3

图 13-4

图 13-5

图 13-6

13.1.2 为人物瘦身瘦腿

效果对比　使用瘦身瘦腿功能，可以让人物看起来更苗条，原图与效果对比如图 13-7、图 13-8 所示。

图 13-7

图 13-8

操作步骤　下面介绍具体的操作方法。

步骤 1　在剪映 App 中导入人像视频素材后，❶选择视频素材；❷点击"美颜美体"按钮，如图 13-9 所示。

步骤 2　在弹出的二级工具栏中点击"美体"按钮，如图 13-10 所示。

步骤 3　❶切换至"手动美体"选项卡；❷选择"瘦身瘦腿"选项；❸拖曳 ↕ 按钮，拉长黄色区域，并将其拖曳至人物所在的位置，如图 13-11 所示。

步骤 4　向右拖曳滑块，设置参数为 43，进行瘦身瘦腿操作，让人物看起来更苗条，如图 13-12 所示。

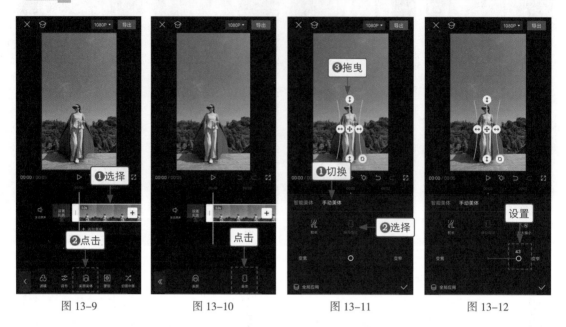

图 13-9　　　　　　图 13-10　　　　　　图 13-11　　　　　　图 13-12

13.1.3 放大缩小所选区域

效果对比　使用放大缩小功能，可以放大所选区域，也可以缩小所选区域，进行局部调整大小，比如让人物的头显得小一些，原图与效果对比如图 13-13、图 13-14 所示。

图 13-13　　　　　　　　　　　图 13-14

下面介绍具体的操作方法。

步骤 1 在剪映 App 中导入人像视频素材后，❶选择视频素材；❷点击"美颜美体"按钮，如图 13-15 所示。

步骤 2 在弹出的二级工具栏中点击"美体"按钮，如图 13-16 所示。

步骤 3 ❶切换至"手动美体"选项卡；❷选择"放大缩小"选项；❸拖曳 按钮，放大圆圈，并将其拖曳至人物头部所在的位置，如图 13-17 所示。

步骤 4 向左拖曳滑块，设置参数为 –23，缩小头部，优化人物的头肩比，如图 13-18 所示。

图 13-15

图 13-16

图 13-17

图 13-18

13.2 智能美体

在剪映 App 中进行手动美体，需要手动设置需要调整的区域，而进行智能美体，可以由剪映 App 智能识别需要调整的区域并自动进行塑形处理，提升美体效率。本节介绍瘦手臂、瘦腰、磨皮等智能美体的操作方法。

13.2.1 瘦手臂、修天鹅颈、小头、美白

效果对比 如果人物的手臂或者脖子不够细长，可以在剪映 APP 中进行瘦手臂和修天鹅颈的操作，让人物的手臂变细、脖子变长；此外，还可以进行小头处理和美白处理，让人物更好看，原图与效果对比如图 13-19、图 13-20 所示。

图 13-19 图 13-20

操作步骤 下面介绍具体的操作方法。

步骤 1 在剪映 App 中导入人像视频素材后，❶选择视频素材；❷点击"美颜美体"按钮，如图 13-21 所示。

步骤 2 在弹出的二级工具栏中点击"美体"按钮，如图 13-22 所示。

步骤 3 ❶在"智能美体"选项卡中选择"瘦手臂"选项；❷设置参数为 58，让人物的手臂看起来更细，如图 13-23 所示。

图 13-21 图 13-22 图 13-23

步骤 4 ❶选择"天鹅颈"选项；❷设置参数为 75，微微拉长人物的脖子，如图 13-24 所示。

步骤 5 ❶选择"小头"选项；❷设置参数为 82，让人物的头部看起来更小，如图 13-25 所示。

步骤 6 ❶选择"美白"选项；❷设置参数为 96，让人物的皮肤看起来更白，如图 13-26 所示。

图 13-24   图 13-25   图 13-26

13.2.2 瘦身、长腿、瘦腰、磨皮

效果对比 在剪映 App 中，可以为视频中的人物进行瘦身、长腿、瘦腰等处理，让人物看起来更漂亮，原图与效果对比如图 13-27、图 13-28 所示。

图 13-27   图 13-28

操作步骤 下面介绍具体的操作方法。

步骤 1 在剪映 App 中导入人像视频素材后，❶选择视频素材；❷依次点击"美颜美体"按钮→"美体"按钮，如图 13-29 所示。

步骤 2　❶在"智能美体"选项卡中选择"瘦身"选项；❷设置参数为 60，对人物进行瘦身处理，如图 13-30 所示。

步骤 3　❶选择"长腿"选项；❷设置参数为 34，对人物进行增高处理，如图 13-31 所示。

图 13-29　　　　　　　　图 13-30　　　　　　　　图 13-31

步骤 4　❶选择"瘦腰"选项；❷设置参数为 58，让人物看起来更苗条，如图 13-32 所示。

步骤 5　❶选择"磨皮"选项；❷设置参数为 50，让人物的皮肤看起来更光滑，如图 13-33 所示。

步骤 6　❶选择"美白"选项；❷设置参数为 47，美白人物的皮肤，如图 13-34 所示。

图 13-32　　　　　　　　图 13-33　　　　　　　　图 13-34

13.2.3 丰胸、美胯、宽肩

效果对比 在剪映 App 中，可以对人物进行丰胸、美胯、宽肩等处理，让人物看起来更加婀娜多姿，原图与效果对比如图 13-35、图 13-36 所示。

图 13-35   图 13-36

操作步骤 下面介绍具体的操作方法。

步骤 1 在剪映 App 中导入人像视频素材后，❶选择视频素材；❷点击"美颜美体"按钮，如图 13-37 所示。

步骤 2 在弹出的二级工具栏中点击"美体"按钮，如图 13-38 所示。

步骤 3 ❶在"智能美体"选项卡中选择"丰胸"选项；❷设置参数为 20，让人物的胸部看起来更饱满，如图 13-39 所示。

步骤 4 ❶选择"美胯"选项；❷设置参数为 14，增加人物的臀围，如图 13-40 所示。

图 13-37   图 13-38   图 13-39   图 13-40

步骤 5 ❶选择"宽肩"选项；❷设置参数为 32，让肩部看起来宽一点，优化人物的头肩比，如图 13-41 所示。

步骤 6 ❶选择"瘦腰"选项；❷设置参数为 34，进行瘦腰处理，优化人物的腰臀比，如图 13-42 所示。

步骤 7 ❶选择"天鹅颈"选项；❷设置参数为 100，微微拉长人物的脖子，如图 13-43 所示。

步骤 8 ❶选择"小头"选项；❷设置参数为 17，继续优化人物的头肩比，如图 13-44 所示。

图 13-41　　　　　　　图 13-42　　　　　　　图 13-43　　　　　　　图 13-44

第 14 章 网红色调：
小清新 + 怀旧 + 古风

处理人像视频时，可以使用一些网红色调进行调色，优化视频中的人像。合理处理画面的色调、色彩和风格，可以高效提升视频的质感。本章主要介绍如何为人像视频调出网红色调，包括小清新色调、怀旧色调和古风色调，帮助大家学会人像视频调色，提升视频后期处理水平。

14.1 小清新色调

效果对比 使用小清新色调，不仅能让画面变得清透，还能突出人像的清纯、靓丽。小清新色调非常适合用在青春人像视频中，原图与效果对比如图 14-1、图 14-2 所示。

图 14-1

图 14-2

14.1.1 调整画面色彩

操作步骤 在对人像视频进行调色时，第一步是调整画面的色彩，即通过添加滤镜和调节参数，调出具体的有清透感的色调。下面介绍具体的操作方法。

步骤 1 在剪映 App 中导入人像视频素材后，❶选择视频素材；❷点击"滤镜"按钮，如图 14-3 所示。

步骤 2 进入"滤镜"选项卡，❶展开"风景"选项区；❷选择"仲夏"滤镜，对画面进行初步调色，如图 14-4 所示。

步骤 3 ❶切换至"调节"选项卡；❷选择"亮度"选项；❸设置参数为 11，为画面增加曝光，如图 14-5 所示。

步骤 4 设置"高光"参数为 -10，降低天空部分的过曝，如图 14-6 所示。

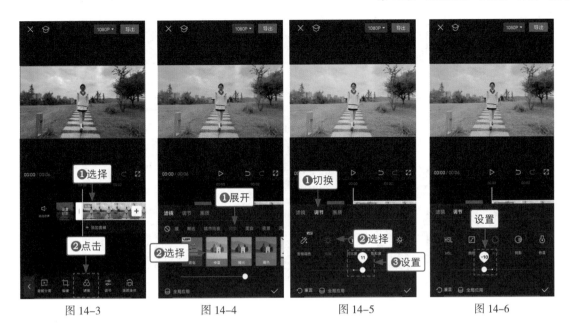

图 14-3　　　　　　图 14-4　　　　　　图 14-5　　　　　　图 14-6

步骤 5　设置"阴影"参数为 –5，微微增加暗部的阴影，提升视频的质感，如图 14-7 所示。

步骤 6　设置"色温"参数为 –10，让画面偏冷色调，如图 14-8 所示。

步骤 7　设置"色调"参数为 –7，为画面增加一点绿色调，如图 14-9 所示。

步骤 8　选择"HSL"选项，如图 14-10 所示。

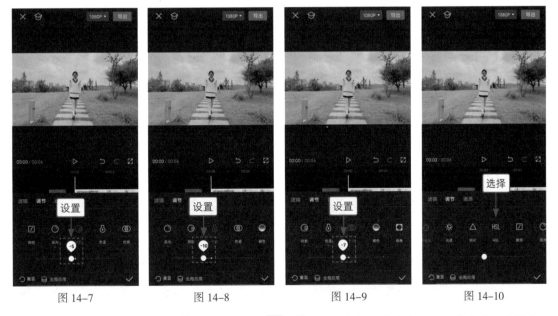

图 14-7　　　　　　图 14-8　　　　　　图 14-9　　　　　　图 14-10

步骤 9　进入"HSL"面板，❶选择绿色选项◯；❷设置"色相"参数为 27、"饱和度"参数为 7、"亮度"参数为 15，让画面中的绿色部分更鲜嫩，部分参数如图 14-11 所示。

步骤 10　❶选择青色选项◯；❷设置"色相"参数为 36、"饱和度"参数为 100、"亮度"参数为 –40，调整画面中天空部分的色彩，部分参数如图 14-12 所示。设置完成后，点击◯按钮。

步骤 11　❶切换至"画质"选项卡；❷选择"噪点消除"选项（VIP 功能）；❸设置程度为"较弱"，降低画面噪点，使画面更清透，如图 14-13 所示。

图 14-11   图 14-12   图 14-13

14.1.2 优化人像与添加特效

操作步骤 调整画面色彩之后，可以继续优化人像，并添加合适的特效，让画面更加小清新。下面介绍具体的操作方法。

步骤 1 在剪映 App 中导入人像视频素材后，❶选择视频素材；❷点击"美颜美体"按钮，如图 14-14 所示。

步骤 2 在弹出的二级工具栏中点击"美体"按钮，如图 14-15 所示。

步骤 3 ❶在"智能美体"选项卡中选择"长腿"选项；❷设置参数为 22，稍微拉长人物的双腿，如图 14-16 所示。

步骤 4 ❶选择"美白"选项；❷设置参数为 82，使人物的全身看起来更白，如图 14-17 所示。

图 14-14   图 14-15   图 14-16   图 14-17

步骤 5　在视频的起始位置添加特效，点击"特效"按钮，如图 14-18 所示。

步骤 6　在弹出的二级工具栏中点击"画面特效"按钮，如图 14-19 所示。

步骤 7　❶切换至"Bling"选项卡；❷选择"温柔细闪"特效；❸点击 ✔ 按钮，确认操作，如图 14-20 所示。

步骤 8　调整"温柔细闪"特效的时长，使其与视频的时长一致，让画面看起来更加梦幻，如图 14-21 所示。

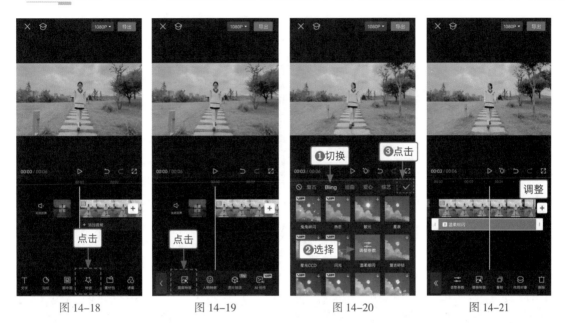

图 14-18　　　　　　图 14-19　　　　　　图 14-20　　　　　　图 14-21

14.2　怀旧色调

效果对比　怀旧色调的主色多为红色或者橙色，画面大多不太清晰，具有 20 世纪八九十年代的怀旧感，原图与效果对比如图 14-22、图 14-23 所示。

图 14-22　　　　　　　　　　　　图 14-23

14.2.1　添加色卡进行调色

操作步骤　色卡调色的好处是可以快速确定画面的主色调，比如，先添加橙黄色色卡，让画面整体偏橙黄色，再添加滤镜，让画面更有怀旧感。下面介绍具体的操作方法。

步骤 1 在剪映 App 中导入人像视频素材后，点击"画中画"按钮，如图 14-24 所示。

步骤 2 在弹出的二级工具栏中点击"新增画中画"按钮，如图 14-25 所示。

步骤 3 进入"照片视频"选项卡，❶展开"照片"选项区；❷选择橙黄色色卡照片素材；❸勾选"高清"复选框；❹点击"添加"按钮，如图 14-26 所示。

步骤 4 ❶调整色卡素材的时长，使其与视频的时长一致；❷调整色卡素材的画面大小；❸点击"混合模式"按钮，如图 14-27 所示。

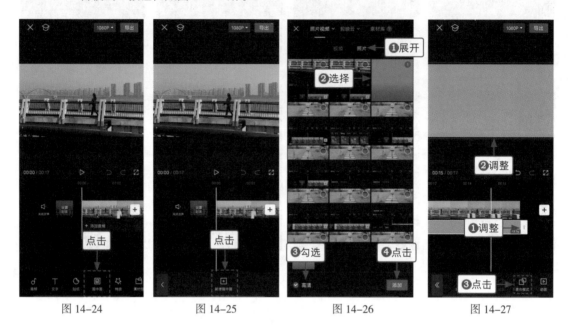

图 14-24　　　　　图 14-25　　　　　图 14-26　　　　　图 14-27

步骤 5 选择"正片叠底"选项，进行色卡调色，如图 14-28 所示。

步骤 6 ❶选择视频素材；❷点击"滤镜"按钮，如图 14-29 所示。

步骤 7 ❶展开"复古胶片"选项区；❷选择"旧时代Ⅱ"滤镜，如图 14-30 所示。

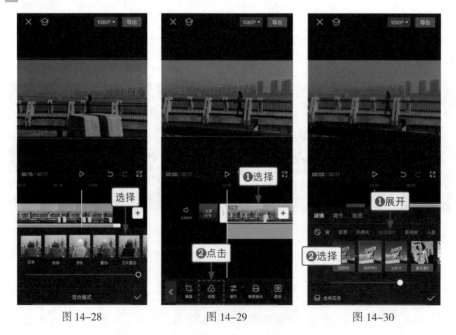

图 14-28　　　　　图 14-29　　　　　图 14-30

14.2.2 添加复古特效并制作歌词字幕

操作步骤 使用剪映 App 中的复古特效，不仅可以制作旧唱片画面效果，还可以根据音乐制作卡拉 OK 形式的歌词字幕，让画面更有怀旧感。下面介绍具体的操作方法。

步骤 1 在视频的起始位置添加画面特效，依次点击"特效"按钮→"画面特效"按钮，如图 14-31 所示。

步骤 2 ❶切换至"复古"选项卡；❷选择"唱片"特效；❸点击 ✓ 按钮，确认操作，如图 14-32 所示。

步骤 3 调整"唱片"特效的时长，使其与视频的时长一致，如图 14-33 所示。

图 14-31   图 14-32   图 14-33

步骤 4 在视频的起始位置添加歌词字幕，依次点击"文字"按钮→"识别歌词"按钮，如图 14-34 所示。

步骤 5 在弹出的面板中点击"开始匹配"按钮，如图 14-35 所示。

步骤 6 识别出歌词字幕之后，❶调整第 1 段歌词文本的时长，使其起始位置在视频开始后 2s 左右的位置；❷点击"批量编辑"按钮，如图 14-36 所示。

图 14-34   图 14-35   图 14-36

步骤 7　❶选择第 1 段歌词文本；❷点击 Aa 按钮，如图 14-37 所示。

步骤 8　❶切换至"字体"选项卡；❷选择目标字体，如图 14-38 所示。

步骤 9　❶切换至"动画"选项卡；❷选择"卡拉 OK"动画；❸调整歌词字幕的大小，制作出旧唱片画面效果，如图 14-39 所示。

图 14-37　　　　　　　　图 14-38　　　　　　　　图 14-39

14.3　古风色调

效果对比　古风色调大多偏梦幻，后期调色时可以把画面往浅色系、色彩丰富的方向调整，原图与效果对比如图 14-40、图 14-41 所示。

14.3.1　调整画面色彩

操作步骤　如果人像视频画面的明度和色彩都不尽如人意，后期可以先调整亮度、对比度、色温等参数，进行基础调色，再添加滤镜，进行风格化调色。下面介绍具体的操作方法。

图 14-40　　　　　　　　　　　　图 14-41

步骤 1　在剪映 App 中导入人像视频素材后，❶选择视频素材；❷点击"调节"按钮，如图 14-42 所示。

步骤 2　设置"亮度"参数为 20，增加画面亮度，如图 14-43 所示。

步骤 3　设置"光感"参数为 16，增加画面曝光，如图 14-44 所示。

图 14-42　　　　　　图 14-43　　　　　　图 14-44

　人像视频调色一般可以分为基础调色和风格化调色。基础调色是调整画面的曝光、白平衡、明暗对比等影调；风格化调色则是针对视频的风格进行调色，比如调出小清新色调、古风色调等风格。

步骤 4　设置"对比度"参数为 22，增加画面的明暗对比，如图 14-45 所示。

步骤 5　设置"饱和度"参数为 19，让画面色彩看起来更鲜艳，如图 14-46 所示。

步骤 6　设置"色温"参数为 -10，让画面偏冷色调，如图 14-47 所示。

步骤 7　❶切换至"滤镜"选项卡；❷在"影视级"选项区中选择"青橙"滤镜；❸设置参数为 58，让画面色彩更有质感，如图 14-48 所示。

图 14-45　　　　图 14-46　　　　图 14-47　　　　图 14-48

14.3.2 添加浪漫感特效

操作步骤 为了让画面看起来更梦幻，可以为画面添加比较浪漫的特效，比如花瓣特效，营造如梦似幻的感觉。下面介绍具体的操作方法。

步骤 1 在视频的起始位置添加特效，点击"特效"按钮，如图 14-49 所示。

步骤 2 在弹出的二级工具栏中点击"画面特效"按钮，如图 14-50 所示。

步骤 3 ❶切换至"自然"选项卡；❷选择"樱花飘落"特效，并点击"调整参数"按钮，如图 14-51 所示。

 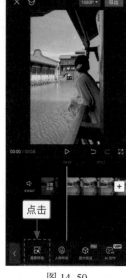 

图 14-49   图 14-50   图 14-51

步骤 4 在"调整参数"面板中设置"模糊"参数为 0，让特效清晰呈现，如图 14-52 所示。

步骤 5 ❶设置"速度"参数为 0，减缓花瓣飘落的速度；❷点击✔️按钮，如图 14-53 所示。

步骤 6 调整"樱花飘落"特效的时长，使其与视频的时长一致，如图 14-54 所示。

图 14-52   图 14-53   图 14-54